上海市建筑标准设计

地下工程止水带应用图集

DBJT 08—99—2020

图集号：2020 沪 G702

同济大学出版社

2021 上海

图书在版编目（CIP）数据

地下工程止水带应用图集 / 上海市隧道工程轨道交

通设计研究院主编 . — 上海：同济大学出版社，

2021.12

ISBN 978-7-5608-8488-2

Ⅰ.①地… Ⅱ.①上… Ⅲ.①地下工程－止水带－图

集 Ⅳ.① TU94-64

中国版本图书馆 CIP 数据核字 (2021) 第 122695 号

地下工程止水带应用图集

上海市隧道工程轨道交通设计研究院　主编

策划编辑　张平官

责任编辑　朱　勇

责任校对　徐春莲

封面设计　陈益平

出版发行　同济大学出版社　　www.tongjipress.com.cn

　　　　　（地址：上海市四平路 1239 号　邮编：200092　电话：021-65985622）

经　　销　全国各地新华书店

印　　刷　浦江求真印务有限公司

开　　本　787mm×1092mm　1/16

印　　张　4.25

字　　数　106 000

版　　次　2021 年 12 月第 1 版　　2021 年 12 月第 1 次印刷

书　　号　ISBN 978-7-5608-8488-2

定　　价　40.00 元

上海市住房和城乡建设管理委员会文件

沪建标定〔2020〕739号

上海市住房和城乡建设管理委员会
关于批准《地下工程止水带应用图集》
为上海市建筑标准设计的通知

各有关单位：

由上海市隧道工程轨道交通设计研究院主编的《地下工程止水带应用图集》，经审核，现批准为上海市建筑标准设计，统一编号为 DBJT 08-99-2020，图集号为2020沪G702，自2021年5月1日起实施。原《地下工程止水带应用》（DBJT 08-99-2004）同时废止。

本标准设计由上海市住房和城乡建设管理委员会负责管理，上海市隧道工程轨道交通设计研究院负责解释。

特此通知。

上海市住房和城乡建设管理委员会

二〇二〇年十二月十日

《地下工程止水带应用图集》编审名单

编 制 组 负 责 人：陈心茹

编 制 组 成 员：朱祖熹　陆　明　陈丰弘　邵　臻　贾　逸　任冬生　倪　骏　张　毅　陈博学

审 查 组 长：郭　青

审 查 组 成 员：张　勇　鞠丽艳　张中杰　王吉云　吴建明　胡　骏

主 编 单 位：上海市隧道工程轨道交通设计研究院

参 编 单 位：上海隧桥特种橡胶厂有限公司

　　　　　　　梓承茂（上海）工程技术有限公司

　　　　　　　飞玛度建筑科技（上海）有限公司

项 目 负 责 人：申伟强

项目技术负责人：陈　鸿

地下工程止水带应用图集

批准部门：上海市住房和城乡建设管理委员会

主编单位：上海市隧道工程轨道交通设计研究院

批准文号：沪建标定〔2020〕739号　　统一编号：DBTJ 08-99-2020

实施日期：2021年5月1日　　图集号：2020沪G702

主编单位负责人：

主编单位技术负责人：

技术审定人：

审核人：

设计人：

目 录

	图集号	2020沪G702
目 录	页	1

设计说明

一、编制依据

1. 本图集原图集根据上海市建设和管理委员会沪建（2002）第0210号文的要求进行编制，并于2004年正式颁布。

2. 根据上海市住房和城乡建设管理委员会《关于印发〈2019年上海市工程建设规范、建筑标准设计编制计划〉的通知》（沪建标定〔2018〕753号），对原图集进行增补修编。

3. 本图集主要修订内容：增加了接缝注浆止水的相关说明及详图，修改了施工缝、变形缝及诱导缝的相关详图，删除了中埋式塑料止水带的相关详图。

4. 本图集止水带的命名采用两种方式：一是以设置的部位、方式命名，如中埋式止水带、外贴式止水带、内装可卸式止水带、内置式密封带等；二是以材质命名，如橡胶止水带、塑料止水带、金属止水带、遇水膨胀橡胶止水条以及以上两种材料复合的止水带等。

5. 本图集以下列规范为主要编制依据：

《地下工程防水技术标准》GB 50108

《地下防水工程质量验收规范》GB 50208

《建筑密封材料术语》GB/T 14682

《高分子防水材料 第2部分：止水带》GB/T 18173.2

《高分子防水材料 第3部分：遇水膨胀橡胶》GB/T 18173.3

《混凝土结构工程施工质量验收规范》GB 50204

《地下建筑防水构造》10J301

二、适用范围

1. 本图集适用于上海市工业与民用建筑、市政工程、人防工程的独立式、附建式全地下或半地下工程以及地下铁道车站、隧道、城市综合管廊等工程的现浇钢筋混凝土结构接缝密封防水用止水带、止水条（胶）。

2. 本图集不适用于顶管法、沉管法和盾构法地下工程接缝密封防水用止水带、止水条（胶）。

三、编制原则

1. 适应上海地区工程及地质的特点、结合近年工程实践经验，突出技术的先进性，采用技术可靠的新材料、新工艺。

2. 根据防水等级的差别，水文地质的不同，建筑、结构（包括围护结构）的特点，采用不同止水带构造形式，体现多样性，本图集提供了多方案选用。

3. 注重图集对施工的指导作用，注重构造细部的设计，强化节点详图的表述，以利于施工操作。

四、设计基本要求

1. 地下工程各类接缝止水带防水必须与防水混凝土的外设防水层的设置、接缝面的各种结构构造及施工措施紧密结合，形成系统防水。浇筑混凝土顺序宜从止水带处开始，不可留至最后处理。

2. 图集中列出的止水带（条）必须遵守编制依据中"材料的品种、规格、性能应符合现行国家产品标准和设计要求""不合格的材料不得在工程中使用"的强制性条文规定。

	图集号	2020 沪 G702
设计说明	页	2

3. 变形缝

（1）伸缩缝、沉降缝：伸缩缝是为适应建（构）筑物因温度的变化及混凝土收缩、徐变引起的结构伸缩变形而设置的；伸缩缝处混凝土纵向钢筋完全断开。

（2）沉降缝是为适应构筑物相邻部位的不均匀沉降变形（包括构筑物相邻部位间荷载差异大、地基土不均匀、结构形式变化大、不同的施工时段等引起的）而设置；两种变形可能同时存在不均匀沉降变形，设计时，应尽可能将两缝合一，使一个缝同时具有适应伸缩与沉降两种功能，但是应突出伸缩功能。尤其在各类轨道交通、公共交通隧道、共同沟、房建地下室等地下工程中，应严格限制相对沉降差，充分适应结构的伸缩变形，满足安全使用的要求。

4. 诱导缝

诱导缝（又称诱发缝或引导缝）是地下结构结构段段间的接缝，是为了将可能产生的混凝土收缩和温度裂缝发生在预留的、不影响结构基本受力特性的部位而设置的。目前，上海的地下工程诱导缝主要用于轨道交通工程。由于缝内预设防水措施，从而达到有效引导、裂而不漏的要求。

诱导缝大多设置在双柱中间，也可设置在1/4～1/3跨度处。当它设置在双柱间，柱内竖向钢筋因埋设中埋式止水带而截断时，在外侧应补加钢筋。诱导缝两侧新、老混凝土接触面不凿毛。

此外，诱导缝还可设置兼有诱导混凝土开裂和防水双重功能的金属诱导器。

底板诱导缝缝中设置榫槽，此时中埋式止水带不得设在榫槽上。

5. 施工缝

（1）施工缝：应根据工程条件要求设置，垂直施工缝的分段距离不宜过长。地下工程顶板、侧墙、底板等应力最大处不应留施工缝。侧墙留设水平施工缝时，可根据墙高、结构的楼层数、混凝土浇筑量等确定留设水平施工缝的数目。

（2）施工缝用止水带按埋设位置可分为外贴式止水带和中埋式止水带两种。外贴式止水带分为塑料止水带和橡胶止水带；中埋式止水带分为钢板止水带、钢边橡胶止水带、橡胶止水带、丁基橡胶腻子钢板止水带。外贴式塑料止水带在变形缝与水平施工缝相交处可以采用水平直角件汇成一体。

施工缝可以采用中埋式止水带、遇水膨胀止水胶（条）两种方案，但后者应满足缓膨胀和牢靠固定的要求。

水平施工缝外贴式止水带主要适用于有外贴作业空间的明挖施工法。其他结构形式的水平施工缝宜设置全断面出浆的注浆管、遇水膨胀止水条（胶）以及它们的组合。

6. 后浇带

（1）后浇带是在两相邻结构相对变形趋稳定后再浇的混凝土带。

（2）后浇带宽度宜为700mm～1000mm。由于后浇带混凝土应在两侧混凝土龄期达到42d后再浇筑，而纵向钢筋又全部贯穿结构，止水带（条）设置较困难，因而除钢板及自粘丁基橡胶钢板止水带外，不宜采用柔性橡塑止水带。使用遇水膨胀腻子止水条时，应解决好它的缓膨胀和抗坠落问题。

（3）后浇带混凝土应采用补偿收缩混凝土浇筑，其强度等级应不低于两侧混凝土。

| 设计说明 | 图集号 | 2020沪G702 |
| | 页 | 3 |

止水带（条）种类				特点	适用范围	
中埋式止水带	橡胶止水带			具有良好的弹性、耐磨性、耐老化性和抗撕裂性能,适应变形能力强,防水性能好。温度使用范围为-40℃~+40℃	地下工程变形缝、垂直施工缝及水平施工缝。当温度超过60℃(存放温度不宜超过30℃),以及止水带受强酸强碱的氧化作用或受油类等有机溶剂侵蚀时,均不得使用该种止水带	
	施工缝用金属止水带	镀锌钢板		传统的止水带,易于安装、价格低廉,经镀锌处理后防腐蚀性好	地下工程水平施工缝,尤合适于放坡开挖结构和顶制管节等,或围护结构与内衬结构间留有作业空间,利于垃圾清理的构造	不宜设置于垂直施工缝
		紫铜片		传统的止水带,其耐久性好,但价格较高	多用于水利地下工程,尤其是敞开式的	
	变形缝用金属止水带			传统的止水带,其耐高温性好,但适应竖向变形能力差	除冶金等高温环境的沉降变形小的地下工程变形缝外,不建议使用	
	钢边橡胶止水带			钢片与混凝土咬合牢靠,橡胶适应较大变形,抗较高水压	地下工程变形缝、施工缝,对深埋工程尤为合适	
	自粘丁基橡胶钢板止水带			主体材料有刚度,面层材料有黏性,与混凝土咬合紧密,同时还可黏补缝张开时的缝隙,但施工时不易固定	地下工程施工缝、后浇带	
遇水膨胀止水条（胶）	遇水膨胀橡胶			具有橡胶的弹性压缩密封防水作用;由于该材料具有遇水膨胀的特性,故有膨胀压密止水作用。但基面凹凸起伏时难以贴合	1.适用于能预留安设止水条沟槽的垂直施工缝。2.可在变形量较小的诱导缝中使用。3.可在变形缝止水带损坏后做修补使用	可与其他止水带（条）配合使用
	遇水膨胀橡胶腻子			具有遇水膨胀以水止水之功能,具有一定的弹性较大的可塑性;遇水膨胀后塑性进一步加大,堵塞混凝土孔隙和出现的裂缝	地下工程垂直施工缝和有围护结构的水平施工缝	
	遇水膨胀膨润土类腻子			特点基本同遇水膨胀橡胶腻子,但遇水膨胀之后易离散	诸如单层衬砌顶、底、中板与地下墙接缝等表面不易找平的混凝土表面	
外贴式止水带	橡胶止水带			同中埋式橡胶止水带	明挖放坡施工或围护结构与内衬有施工间隙的深埋地下结构的变形缝、施工缝(使用条件同中埋式橡胶止水带)	
	塑料止水带			同中埋式塑料止水带	明挖法建筑、明挖法隧道等地下工程变形缝结构迎水面,矿山隧道施工缝、变形缝迎水面。低温季节施工慎用	

五、制图说明

1. 接缝缝口的嵌缝密封胶材料、接缝中的衬垫材料、接缝表面的附加防水层等只作为图面上的相关材料绘入,故除阐明它们与止水带配合使用的有关内容外,其他具体要求(如细部尺寸、性能指标等)从略。

2. 本图集除注明尺寸外,均以mm为单位。

3. 图中止水带的各细部尺寸仅供参考。

4. 本说明中未尽事宜,均应按现行有关规范、规定执行。

5. 索引

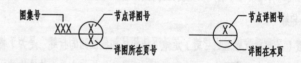

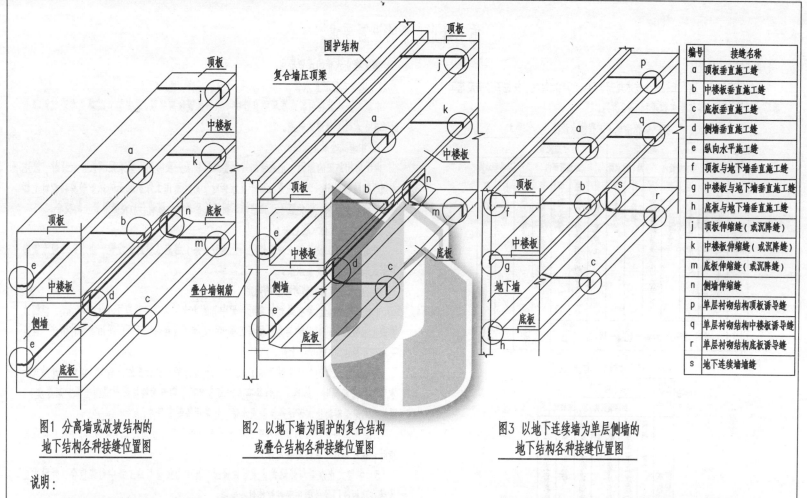

编号	接缝名称
a	顶板垂直施工缝
b	中楼板垂直施工缝
c	底板垂直施工缝
d	侧墙垂直施工缝
e	纵向水平施工缝
f	顶板与地下墙垂直施工缝
g	中楼板与地下墙垂直施工缝
h	底板与地下墙垂直施工缝
j	顶板伸缩缝（或沉降缝）
k	中楼板伸缩缝（或沉降缝）
m	底板伸缩缝（或沉降缝）
n	侧墙伸缩缝
p	单层衬砌结构顶板诱导缝
q	单层衬砌结构中楼板诱导缝
r	单层衬砌结构底板诱导缝
s	地下连续墙缝

图1 分离墙或放坡结构的
地下结构各种接缝位置图

图2 以地下墙为围护的复合结构
或叠合结构各种接缝位置图

图3 以地下连续墙为单层侧墙的
地下结构各种接缝位置图

说明：

1. 本图集中的变形缝指伸缩缝和沉降缝，变形缝的位置、间距根据设计计算决定。

2. 图1适用的典型结构形式为分离式或放坡开挖施工的单层侧墙结构。

3. 图2适用的结构形式有两种：围护结构与内衬墙组成双层侧墙结构以及复合式或叠合式结构。

4. 图3中的d类施工缝为地下连续墙墙幅缝（本图集略）。

5. 本图中的垂直施工缝包括后浇带施工缝。

地下结构各种接缝位置图

图集号	2020 沪 G702
页	5

施工缝止水带的设置要求

一、施工缝止水带设防

现行国家标准《地下工程防水技术规范》GB 50108规定，按施工法确定施工缝防水设防方法，具体要求如表1、表2所列。

表1　明挖法地下工程防水设防

工程部位	施工缝		后浇带			
	结构断面内	结构迎水面	结构断面内		结构迎水面	
防水措施	橡胶止水带、钢板止水带、自粘丁基橡胶钢板止水带或遇水膨胀止水胶（条）	预埋式注浆管	水泥基渗透结晶型防水涂料	防水涂料	防水卷材	补偿收缩混凝土	橡胶止水带、钢板止水带或钢边橡胶止水带	遇水膨胀止水胶（条）	预埋式注浆管	防水涂料	防水卷材
设防要求	应选一种	可选	可选一种			应选	应选一种	宜选一种		可选一种	

表2　矿山法地下工程防水设防

工程部位	施工缝		
	结构断面内		结构迎水面
防水措施	预埋式注浆管	遇水膨胀止水胶（条）	钢板止水带或自粘丁基橡胶钢边止水带	橡胶止水带或钢边橡胶止水带	外贴式止水带	防水卷材或塑料防水板
设防要求	应选一种		应选一种	

二、施工缝止水带的设置要求

1. 中埋式橡胶止水带

中埋式止水带在顶板或底板垂直缝中，水平放置段应采取V形安装，以避免在浇筑混凝土时，在止水带下部形成气泡。

2. 中埋式金属止水带

由于结构施工的原因，止水带的一半要暴露较长一段时间。当采用钢板止水带时，应注意钢板的防锈保护；当采用钢板腻子止水带时，应注意用于保护腻子的保护膜要在浇筑上部混凝土前才能剥除，以免腻子表面沾污、损坏甚至老化，影响与后浇带混凝土的咬合。

3. 遇水膨胀止水胶（条）

考虑雨季施工及其他水冲洗作业，止水胶（条）都应尽量迟缓设置，止水条还应涂缓膨胀剂或采用缓膨胀类止水条。

4. 止水带转角的转弯半径的规定

中埋式橡胶止水带在遇到转角时，无中孔的止水带转弯半径应不小于150mm。但钢边橡胶止水带的钢边部分的转角可根据工程实际直接弯成直角，还可以采用直角件衔接，且接头应在直角边500mm以上处。

外贴式止水带的转弯半径为30f～50f（f为止水带包括齿高的全高），但由于外贴式止水带的全高较高时，结构不允许其有大的转弯半径（影响钢筋埋设及混凝土保护层厚度）。因此，无论是塑料止水带还是橡胶止水带，宜采用特制直角件。

外贴式塑料止水带的直角件中包括水平直角件、竖向直角件、十字件和T字件（特殊构造时，也可用水平或竖向斜角件）。

5. 中埋式止水带与外贴式止水带设置时，其中心线应与施工缝中心线重合。外贴式止水带在顶板收口处必须用密封胶作封头处理。

6. 混凝土浇捣前，应检查止水带是否破损，对破损处（戳孔、撕裂）应立即修补（如热贴胶片、更换一段止水带等）。

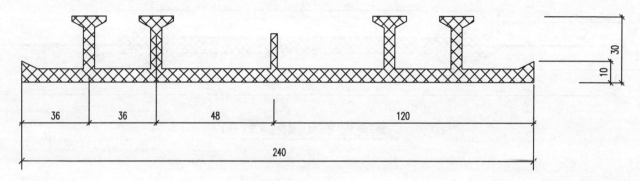

施工缝外贴式橡胶止水带

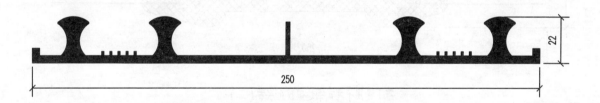

施工缝外贴式塑料止水带

说明:

1. 施工缝用的外贴式橡胶止水带宽度宜不小于200、不大于400。

2. 施工缝用的外贴式塑料止水带宽度宜不小于150、不大于500。

施工缝止水带(一)	图集号	2020沪 G702
	页	7

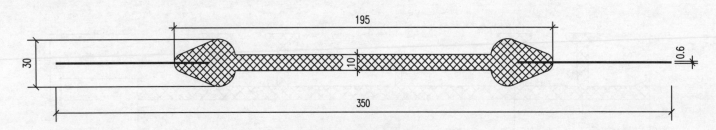

施工缝用中埋式钢边橡胶止水带（一）

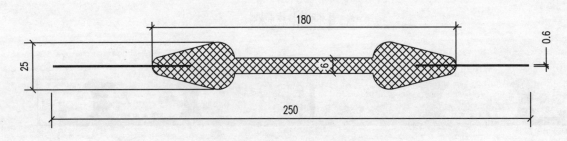

施工缝用中埋式钢边橡胶止水带（二）

说明:

1. 施工缝用的中埋式钢边橡胶止水带中的钢板一般伸入橡胶深度约为其宽度的0.3倍左右。

2. 施工缝用的中埋式橡胶止水带宽度宜不小于200、不大于400。

3. 施工缝不宜使用中埋式塑料止水带。

4. 施工缝用的中埋式止水带的宽度应根据结构埋深而定。

| 施工缝止水带（二） | 图集号 | 2020 沪 G702 |
| | 页 | 8 |

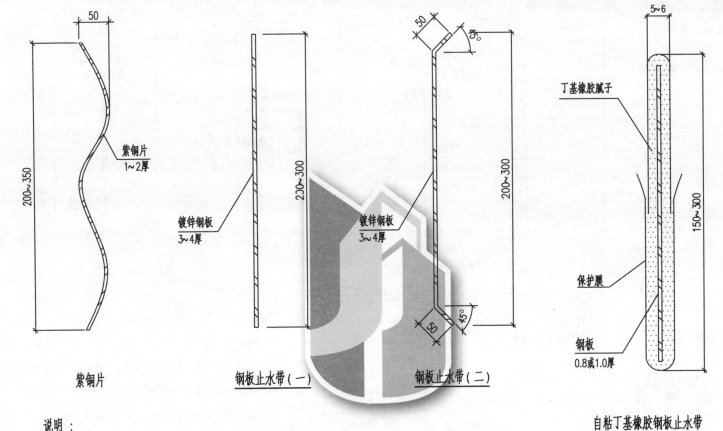

紫铜片

钢板止水带（一）

钢板止水带（二）

自粘丁基橡胶钢板止水带

说明：

1. 施工缝中的钢板止水带必须采用镀锌钢板，根据《金属覆盖层　钢铁制件热浸镀锌层技术要求及试验方法》GB/T 13912中的相关要求,对于3mm~4mm厚度的钢板，采用热浸锌时，镀锌厚度平均为70μm，局部最小为55μm。接头焊接和凿穿固定孔造成的镀锌层的损伤，应采用无机富锌类涂料（诸如"锌加"）修补。

2. 自粘丁基橡胶钢板止水带的保护膜应在施工期间保护好，直至其所埋设的结构混凝土浇筑前才能剥除。

施工缝止水带（三）	图集号	2020 沪 G702
	页	9

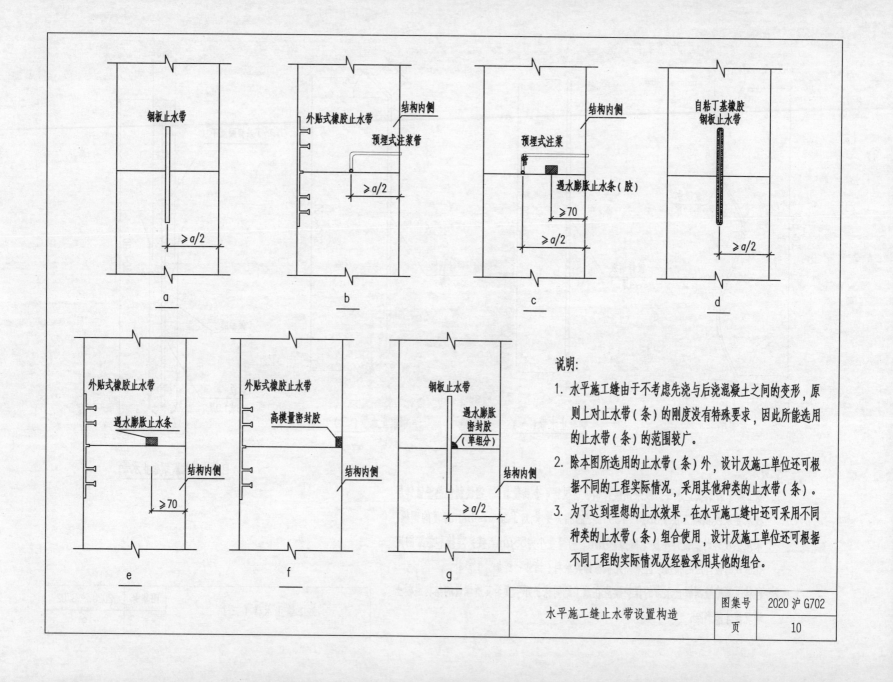

钢板止水带

外贴式橡胶止水带　结构内侧

预埋式注浆管

≥a/2

结构内侧

预埋式注浆管

遇水膨胀止水条（胶）

≥70

≥a/2

自粘丁基橡胶钢板止水带

≥a/2

a

b

c

d

外贴式橡胶止水带

遇水膨胀止水条

≥70

结构内侧

外贴式橡胶止水带

高模量密封胶

结构内侧

钢板止水带

遇水膨胀密封胶（单组分）

结构内侧

≥a/2

e

f

g

说明：

1. 水平施工缝由于不考虑先浇与后浇混凝土之间的变形，原则上对止水带（条）的刚度没有特殊要求，因此所能选用的止水带（条）的范围较广。

2. 除本图所选用的止水带（条）外，设计及施工单位还可根据不同的工程实际情况，采用其他种类的止水带（条）。

3. 为了达到理想的止水效果，在水平施工缝中还可采用不同种类的止水带（条）组合使用，设计及施工单位还可根据不同工程的实际情况及经验采用其他的组合。

水平施工缝止水带设置构造	图集号	2020沪G702
	页	10

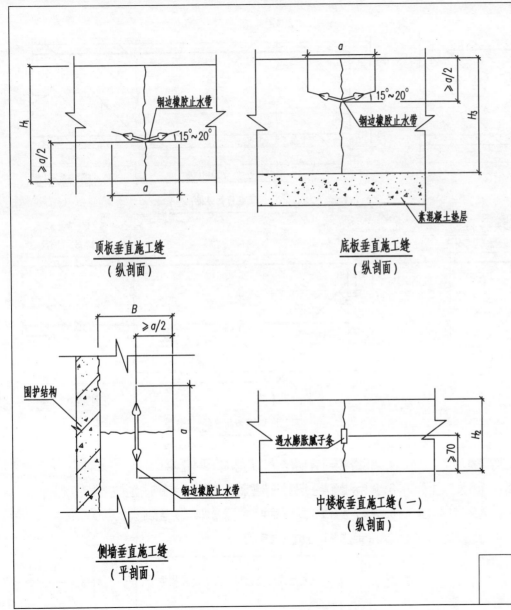

顶板垂直施工缝
（纵剖面）

底板垂直施工缝
（纵剖面）

侧墙垂直施工缝
（平剖面）

中楼板垂直施工缝（一）
（纵剖面）

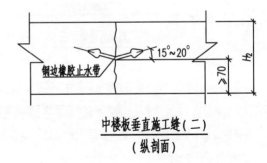

中楼板垂直施工缝（二）
（纵剖面）

说明：

1. 垂直施工缝顶、底板及侧墙均应设置钢边橡胶止水带，且兜绕成环。

2. 顶、中、底板处的钢边橡胶止水带设置时，应先用细铁丝或扁钢固定夹固定于专门的钢筋夹或主筋上，形成V形（止水带与水平夹角为15°~20°），以避免止水带下形成气泡。

3. 混凝土浇捣前应检查止水带是否破损，对破损处应立即贴片补孔，若撕裂长度超过300者，要局部割除，以新的更换；止水带接搓不得在拐角处，止水带中心线应与施工缝中心线相重合。

4. 中楼板施工缝可设置遇水膨胀腻子止水条或中埋式钢边橡胶止水带。

5. H_1、H_2、H_3、B 分别为顶板、中楼板、底板、侧墙的厚度；a 为止水带宽度。

垂直施工缝止水带设置构造	图集号	2020 沪 G702
	页	11

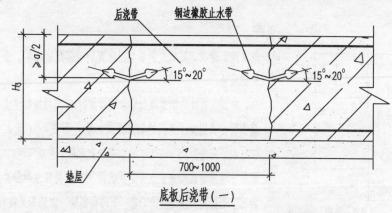

底板后浇带（一）

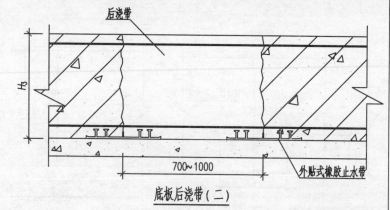

底板后浇带（二）

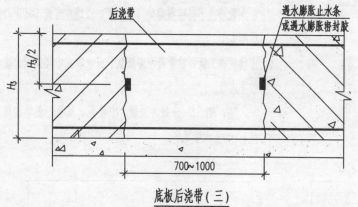

底板后浇带（三）

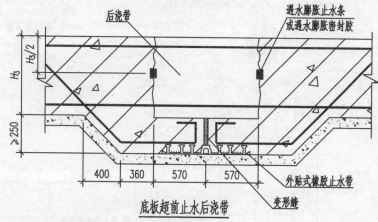

底板超前止水后浇带

说明：

1. 后浇带应采用不低于先浇结构混凝土等级的补偿收缩混凝土密实浇捣。

2. 如无特别措施，后浇带混凝土应在两侧先浇混凝土龄期达到42d后再施工。对于高层建筑地下室的后浇带，应在结构封顶14d后，且两侧先浇混凝土龄期达到42d后再进行浇筑。

3. 后浇带混凝土浇筑前应将先浇结构表面清理干净，严防落入杂物。

4. 后浇带混凝土应加强养护，养护时间不得少于28d。

5. 如后浇带混凝土外侧有附加防水层，则防水层的加强与搭接应按有关规定施作。

6. 超前止水后浇带也可采用中埋式止水带以替代外贴式止水带。

7. H_3为底板厚度，a为止水带宽度。

| 底板后浇带止水带（条）设置构造 | 图集号 | 2020 沪 G702 |
| | 页 | 12 |

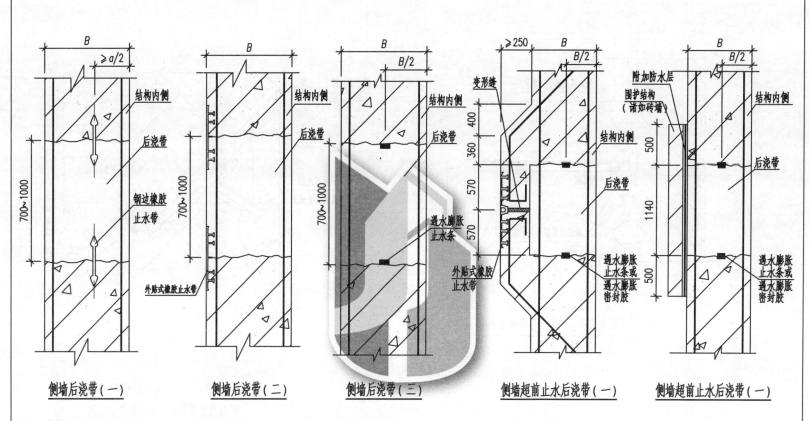

侧墙后浇带(一)　　侧墙后浇带(二)　　侧墙后浇带(三)　　侧墙超前止水后浇带(一)　　侧墙超前止水后浇带(一)

说明:

1. 侧墙后浇带的技术要求均同底板。侧墙有叠合式、复合式围护墙时,不可设置超前止水带。

2. 超前止水后浇带也可采用中埋式止水带以替代外贴式止水带。

3. B为侧墙厚度,a为止水带宽度。

	图集号	2020 沪 G702
侧墙后浇带止水带(条)设置构造	页	13

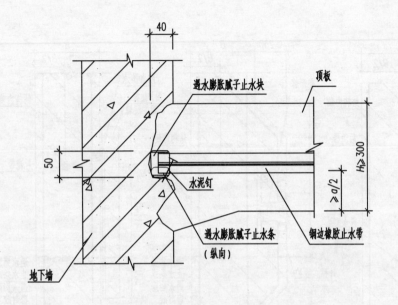

遇水膨胀腻子止水块

顶板

水泥钉

遇水膨胀腻子止水条
（纵向）

钢边橡胶止水带

$H \geqslant 300$

$\geqslant a/2$

40

50

地下墙

单层侧墙诱导缝处顶板与地下墙接头防水构造
（横剖面）

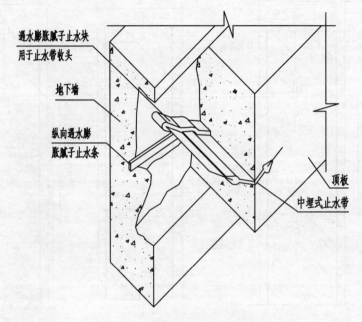

遇水膨胀腻子止水块
用于止水带收头

地下墙

纵向遇水膨
胀腻子止水条

顶板

中埋式止水带

用于止水带收头的遇水膨胀腻子止水块与
纵向遇水膨胀腻子止水条搭接示意

说明:

1. 用于止水带收头的遇水膨胀腻子止水块宜采用宽度为50、厚度为20的腻子块于止水带端部兜绕一圈。

2. 纵向遇水膨胀腻子止水条与止水带收头的遇水膨胀腻子止水块可靠止水条与腻子块的自身粘性搭接。

3. a 为止水带宽度。

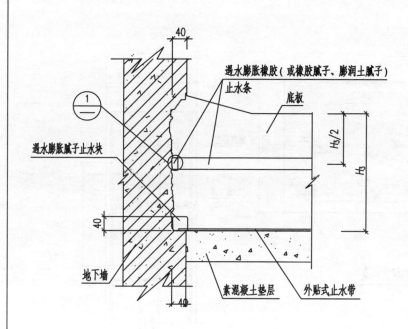

遇水膨胀橡胶(或橡胶腻子、膨润土腻子)
止水条

底板

遇水膨胀腻子止水块

地下墙

素混凝土垫层

外贴式止水带

$H_3/2$

H_3

40

40

40

单层侧墙底板诱导缝处与地下墙
接头防水构造

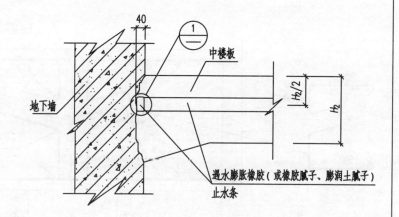

中楼板

地下墙

遇水膨胀橡胶(或橡胶腻子、膨润土腻子)
止水条

$H_2/2$

H_2

40

单层侧墙中楼板诱导缝处与地下墙
接头防水构造

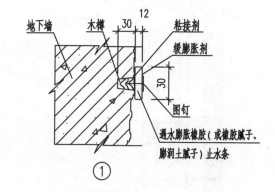

地下墙

木槽

30

12

粘接剂

缓膨胀剂

30

图钉

遇水膨胀橡胶(或橡胶腻子、
膨润土腻子)止水条

① —

说明:

1. 单层侧墙底板及中楼板诱导缝处也可采用中埋式橡胶止水带(注意:板厚应大于等于300)。

2. 单层侧墙底板及中楼板诱导缝处当采用中埋式橡胶止水带或钢边橡胶止水带时,与地下墙接头
   防水构造参见图单层侧墙诱导缝处顶板与地下墙接头防水构造(P14)。

3. H_2、H_3分别为中楼板、底板的厚度。

单层侧墙诱导缝处底板、中楼板与地下墙 接头止水带(条)设置构造	图集号	2020沪G702
	页	15

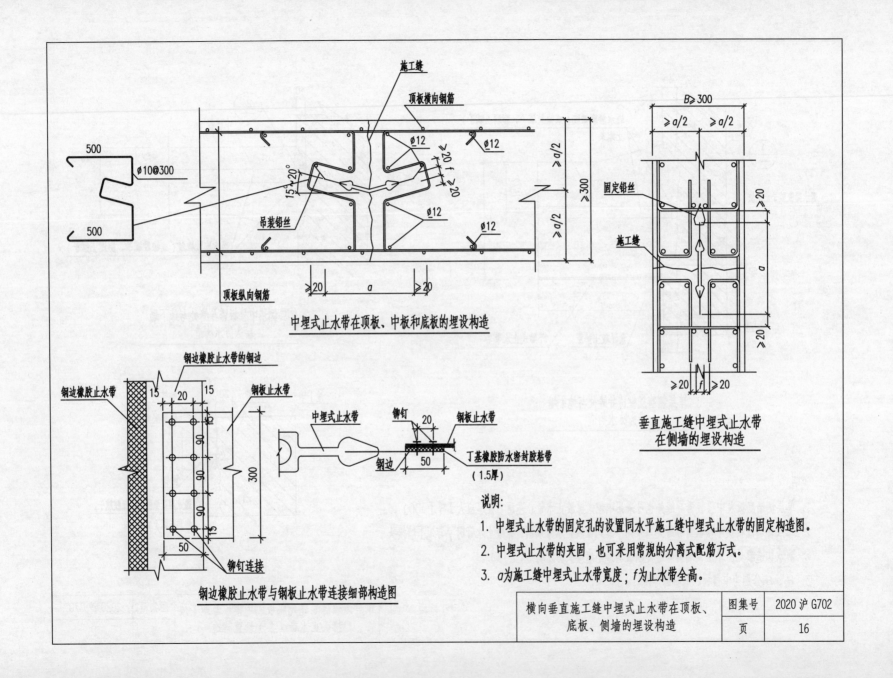

中埋式止水带在顶板、中板和底板的埋设构造

钢边橡胶止水带与钢板止水带连接细部构造图

垂直施工缝中埋式止水带
在侧墙的埋设构造

说明:

1. 中埋式止水带的固定孔的设置同水平施工缝中埋式止水带的固定构造图。

2. 中埋式止水带的夹固,也可采用常规的分离式配筋方式。

3. a为施工缝中埋式止水带宽度; f为止水带全高。

横向垂直施工缝中埋式止水带在顶板、底板、侧墙的埋设构造	图集号	2020 沪 G702
	页	16

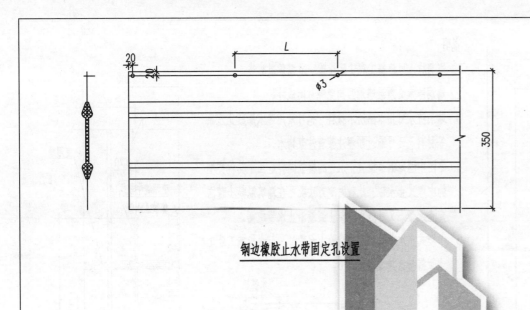

止水带材料	L
塑料、橡胶类	500~800
钢边橡胶、钢板	600~1000

钢边橡胶止水带固定孔设置

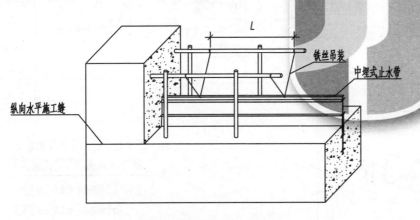

中埋式止水带在纵向水平施工缝
中的固定示意

说明:

1. 其他材料的中埋式止水带的固定孔也参照此图设置。

2. 止水带埋设固定时,采用镀锌铁丝悬挂。止水带两端孔眼应由
   工厂生产时加工预留(孔边作补强处理)。施工缝止水带预留
   吊孔均按此处理。

3. 设计及施工单位还可根据不同的工程实际情况及经验,采用其
   他固定止水带的方式。

4. L为固定孔间距。

水平施工缝中埋式止水带的 固定构造	图集号	2020 沪 G702
	页	17

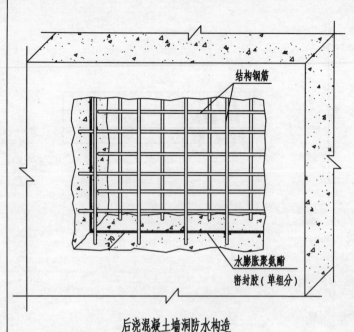

结构钢筋

水膨胀聚氨酯
密封胶（单组分）

后浇混凝土墙洞防水构造

说明：
1. 墙洞防水可根据工程实际设置一道或多道防线。
2. 墙洞防水必须沿墙洞四周兜绕封闭成环。
3. 墙洞防水可用本图所示材料，也可采用遇水膨胀止水条等材料，还可通过预埋注浆管注浆堵水。
4. 本图中固定钢边橡胶止水带的模板同样适用于其他类型的中埋式止水带；此种固定方法既可在浇筑混凝土时固定止水带，又可防止混凝土浆液沿止水带跑漏。
5. 中埋式止水带采用钢边橡胶止水带时，与水平施工缝止水带搭接措本图集P16。

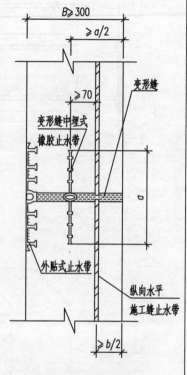

变形缝

变形缝中埋式橡胶止水带

外贴式止水带

纵向水平施工缝止水带

$B \geqslant 300$

$\geqslant a/2$

$\geqslant 70$

$\geqslant b/2$

水平施工缝止水带与侧墙变形缝中埋式止水带的位置关系

图中：a为变形缝中埋式止水带宽度；
b为纵向水平施工缝止水带宽度；
B为侧墙厚度。

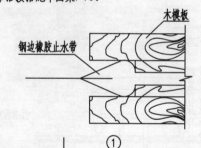

木模板

钢边橡胶止水带

①

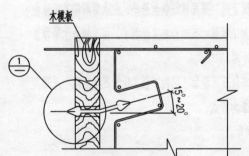

木模板

①

15～20°

顶、底板固定钢边橡胶止水带模板示意图（纵剖面）

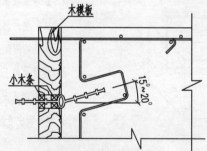

木模板

小木条

15～20°

顶、底板固定橡胶止水带模板示意图（纵剖面）

特殊部位施工缝止水带（条）及模板设置构造	图集号	2020沪G702
	页	18

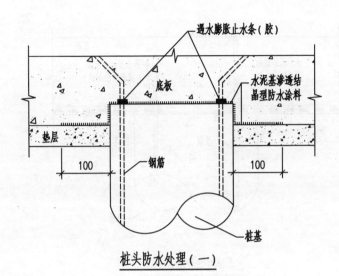

桩头防水处理（一）

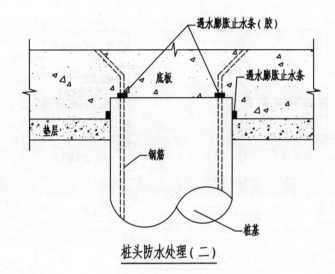

桩头防水处理（二）

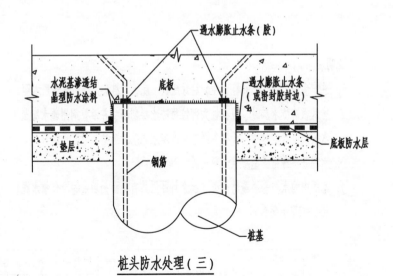

桩头防水处理（三）

说明：

1. 桩头防水处理（一）和（二）适用于底板无防水层的结构防水，且此两种方法可组合使用。

2. 当底板有防水层时，则应在桩头部位将防水层割除，并沿桩周用遇水膨胀止水条或密封胶封边，于桩头裸露处涂刷水泥基渗透结晶型防水涂料。

3. 水泥基渗透结晶型防水涂料用量≥2kg/m²。

4. 本图中的水泥基渗透结晶型防水涂料均可用具有界面剂功效的聚合物水泥砂浆（10厚）替代。

5. 为防止地下水渗入后从桩头沿钢筋上渗，也有在桩头基面对每根钢筋包绕遇水膨胀止水条的做法。

	图集号	2020沪 G702
桩头防水构造（一）	页	19

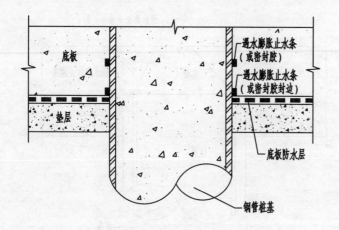

钢管桩头防水处理

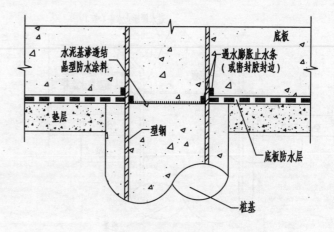

桩顶接型钢柱防水处理

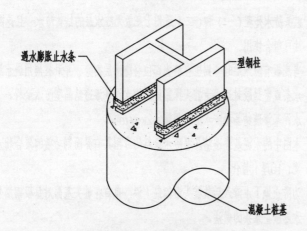

型钢柱包绕遇水膨胀止水条示意

说明：

1. 逆作法施工时，先做桩（柱）后封底板，底板与桩头接缝防水参照本图。

2. 当底板有防水层时，应在桩头部位将防水层割除，并沿桩周用遇水膨胀止水条或密封胶封边，于桩头裸露处涂刷水泥基渗透结晶型防水涂料。

3. 水泥基渗透结晶型防水涂料用量≥2kg/m²。

4. 本图中的水泥基渗透结晶型防水涂料可用具有界面剂功效的聚合物水泥砂浆（10厚）替代。

	图集号	2020沪G702
桩头防水构造（二）	页	20

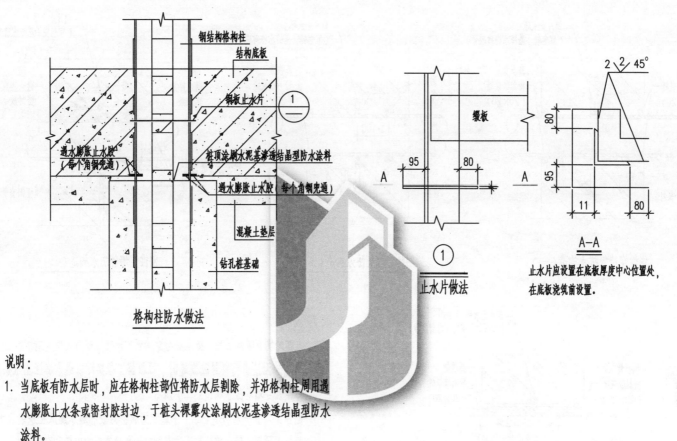

钢结构格构柱
结构底板
钢板止水片 ①
遇水膨胀止水胶
（每个角钢兜通）
桩顶涂刷水泥基渗透结晶型防水涂料
遇水膨胀止水胶（每个角钢兜通）
混凝土垫层
钻孔桩基础

格构柱防水做法

缀板
A————A

止水片做法 ①

A—A
止水片应设置在底板厚度中心位置处，
在底板浇筑前设置。

说明：

1. 当底板有防水层时，应在格构柱部位将防水层割除，并沿格构柱周用遇水膨胀止水条或密封胶封边，于桩头裸露处涂刷水泥基渗透结晶型防水涂料。

2. 水泥基渗透结晶型防水涂料用量≥2kg/m^2。

3. 本图中的水泥基渗透结晶型防水涂料可用具有界面剂功效的聚合物水泥砂浆（10厚）替代。

| 格构柱防水构造 | 图集号 | 2020 沪 G702 |
| | 页 | 21 |

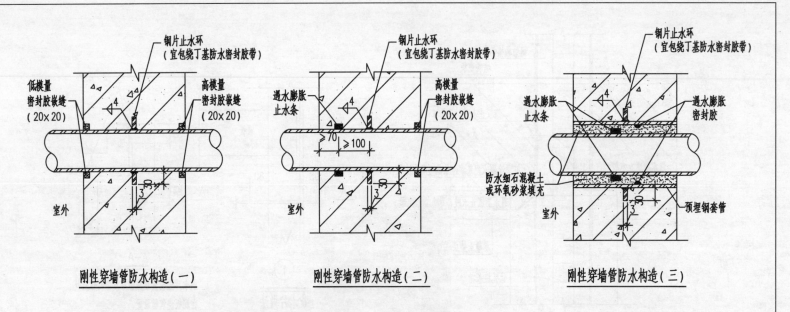

刚性穿墙管防水构造(一)　　　刚性穿墙管防水构造(二)　　　刚性穿墙管防水构造(三)

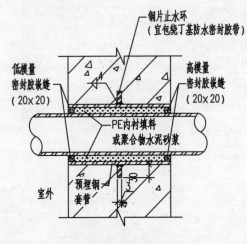

柔性穿墙管防水构造

说明:

1. 当墙外侧有防水层时,防水层与穿墙管的搭接应按有关规定施作。

2. 当墙外无法进行密封胶嵌缝时,可根据工程实际以遇水膨胀止水条替代,如刚性穿墙管防水构造(二)所示。

3. 刚性穿墙管防水构造(三)中遇水膨胀密封胶和遇水膨胀止水条应于穿墙管插入预埋套管之前分别灌注与缠绕于预埋套管的内壁和穿墙管的外壁。

4. 本图(一)、(二)中当穿墙管管径较小时,钢片止水环也可用遇水膨胀止水条替代。

5. 遇水膨胀密封胶应为单组分聚氨酯类。

| 穿墙管防水构造 | 图集号 | 2020沪G702 |
| | 页 | 22 |

变形缝、诱导缝止水带选型

一、变形缝、诱导缝设防原则

1. 《地下工程防水技术规范》GB 50108规定的变形缝（诱导缝）设防原则简化见表1。

表1 变形缝、诱导缝防水设防

工程部位	变形缝					诱导缝			
	结构断面内	结构背水面	结构迎水面			结构断面内	结构迎水面		
设防措施	橡胶止水带或钢边橡胶止水带	可卸式橡胶止水带	外贴式橡胶止水带或密封材料	防水卷材	防水涂料	橡胶止水带或钢边橡胶止水带	外贴式橡胶止水带或密封材料	防水卷材	防水涂料
设防要求	应选	应选一种			宜选一种	应选	应选一种		宜选一种

2. 变形缝既要考虑结构的沉降、伸缩变形，还应在允许变形的状况下保证其水密性。

3. 变形缝止水带的构造形式、材料性能、施工工艺及其严格的监理机制共同构成了一个有机的防水体系，其中任何一个环节出现问题，都将影响整个防水体系的功能。

4. 对适应沉降的变形缝，其最大允许沉降差值不应大于30mm。在地下工程中，应严格限制变形缝的相对沉降差而主要满足其伸缩变形。变形缝宜作多道防线处理，其中，缝内所设的止水带应满足在0.6MPa水压下、接缝张缩20mm时不渗漏的要求。

二、变形缝止水带选型原则

1. 地下工程变形缝所用的中埋式止水带、外贴式止水带的选型主要根据结构埋深、水头的高低、变形量的大小以及施工的环境状况等进行。通常，埋深较浅、水头及变形量均较小的结构构造（如诱导缝），可采用塑料止水带；埋深较深、水头较高时，当可采用橡胶止水带；当埋深深、水头高、变形量较大时，可采用钢边橡胶止水带或可注浆式钢边橡胶止水带；除施工环境温度大于50℃（如冶金加热设备）的地下结构中变形缝采用U型金属止水带外，通常不宜采用金属止水带，原因在于频繁伸缩变形极易造成金属止水带的疲劳损害（紫铜止水带稍好）。

2. 中孔型橡胶止水带是变形缝防水中常选的中埋式橡胶（或钢边橡胶）止水带。而诱导缝的中埋式钢边橡胶止水带可选用中间是实心海绵的构造，而中孔型的钢边橡胶止水带则可适应较大的伸缩变形量。可注浆式钢边橡胶止水带在水头、变形量都较大的地下工程的变形缝中可设置使用。

3. 内装止水带的选用主要有附贴式和可卸式橡胶止水带两种。附贴式止水带由螺栓穿过止水带，以压条的压密止水，其适应变形量较小；而可卸式止水带则充分利用杠杆原理，使螺栓拧力与止水带接触面的压应力呈倍数关系，压密止水效果较好。

4. 由于内装式橡胶止水带暴露于混凝土外，常年与空气接触，其相对寿命短于中埋式和外贴式橡胶止水带，通常每隔15年～20年应进行更换，并可视其老化与损坏的程度提前进行更换。

变形缝止水带设置要求

一、变形缝中埋式止水带的设置要求

1. 中埋式止水带应兜绕成圈，正确设置，水平安装时应呈V形，以防止止水带下面存有气泡，造成浇捣不实而渗水。

2. 为了防止变形缝处中埋式止水带下部积聚气泡，混凝土浇筑顺序应为：每次浇捣混凝土均宜从止水带处（即靠近模板处的止水带部位）开始浇筑。

3. 中埋式止水带在转角处宜用圆弧转角。其中，中埋式橡胶止水带转角半径R不小于250mm（其大小与齿高及中孔大小有关），而中埋式钢边橡胶止水带转圆角的半径R不小于150mm。

4. 变形缝中所设的中埋式止水带接头处的处理与施工缝的要求相同，止水带接搓不得在拐角处，接头应设在顶板中部，且尽可能只设一个接头。

二、变形缝外贴式止水带的设置要求

1. 地下工程变形缝中所设外贴式止水带可采用橡胶或塑料止水带。

2. 外贴式止水带在转角部位采用直角件而不宜采用半径较大的转圆角方式。对塑料止水带而言，直角件中包括水平直角件、竖向直角件、十字件和T字件（特殊构造时也可用水平或竖向斜角件）。橡胶止水带宜采用直角件衔接，且接头应在直角边500mm以上处。对于齿高较大、无法用直角件衔接的止水带则宜采用45°角斜剖、粘接成直角。

3. 采用直角件转角的外贴式止水带，设置时应先固定底部两个转角的位置，再均匀铺设底板两侧止水带，以防止止水带尺寸出现偏差。

三、变形缝内装式止水带的设置要求

1. 当结构变形缝设置内装式止水装置时，应注意提高变形缝两侧的混凝土密实度，尤其应重视预留金属件与混凝土间的防水，谨防渗漏水从金属板与混凝土交接面渗入。

2. 附贴式止水带设置时，止水带的预留孔、压板孔以及预埋螺栓三者间的位置应严格对齐。

3. 可卸式止水带设置时，应先固定四个转角，且先上后下排铺止水带。同时止水带上的压条应连续排布。

四、变形缝止水带其他设置要求

变形缝中所设的各种止水带设置时除应满足上述各项应要求外，还应满足本图集P6中所述相应要求。

五、变形缝止水带的检漏

内装式止水装置可通过预埋在结构中的压水管对其进行渗漏检测（详见本图集P41）。

	图集号	2020 沪 G702
变形缝止水带设置要求	页	24

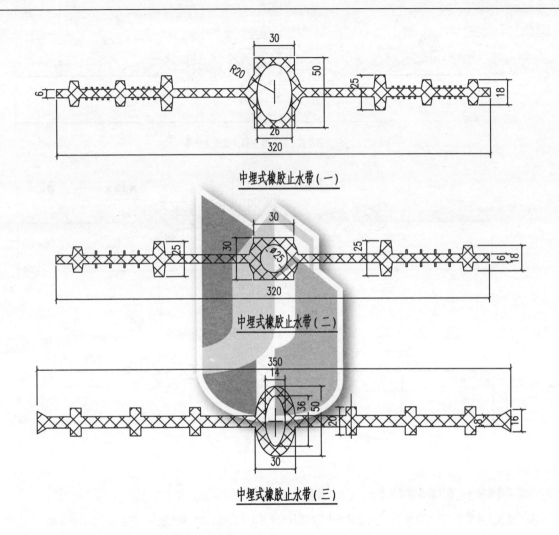

中埋式橡胶止水带（一）

中埋式橡胶止水带（二）

中埋式橡胶止水带（三）

说明：

中埋式橡胶止水带的宽度视其埋深、变形量大小等宜不小于200、不大于600。

| 变形缝中埋式橡胶止水带 | 图集号 | 2020沪 G702 |
| | 页 | 25 |

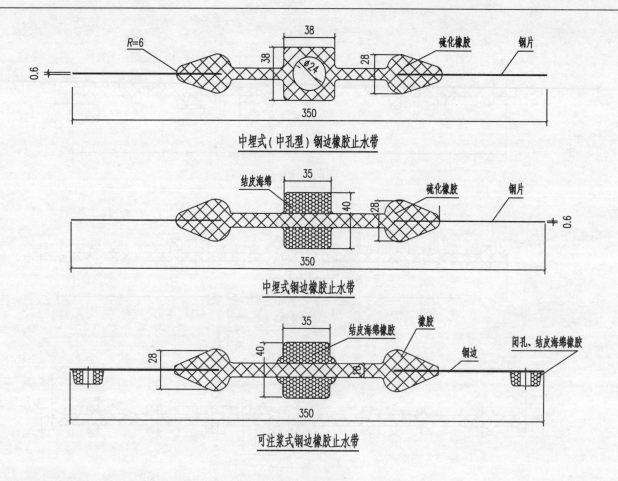

中埋式(中孔型)钢边橡胶止水带

中埋式钢边橡胶止水带

可注浆式钢边橡胶止水带

说明：

1. 中埋式钢边橡胶止水带兼有橡胶止水带适应伸缩变形量大、钢板与混凝土握裹力强的双重特点。

2. 本图所示的中埋式钢边橡胶止水带中，中孔型钢边橡胶止水带对伸缩和沉降有更好的适应性，而海绵橡胶构成的实心型钢边橡胶止水带适用于诱导缝的防水。

3. 中埋式钢边橡胶止水带的钢板宜采用冷轧钢板，并应作热浸锌处理。钢板插入橡胶的深度约为其宽度的0.3倍。

| 变形缝中埋式钢边橡胶止水带 | 图集号 | 2020 沪 G702 |
| | 页 | 26 |

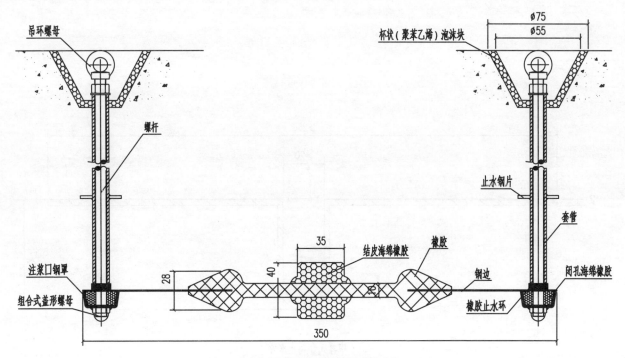

可注浆式钢边橡胶止水带及注浆管附件

说明：

1. 变形缝采用的可注浆式钢边橡胶止水带，除了具备钢边橡胶止水带的特点外，还可对结构变形缝进行注浆处理，进一步确保变形缝（诱导缝）的防水效果。

2. 可注浆式钢边橡胶止水带必须与套管、吊环螺母的螺杆及盖形螺母等注浆管附件、杯状泡沫块等组合使用，应于钢筋笼上牢固定位。注浆管设置间距为1.5m~2m。

3. 可注浆式钢边橡胶止水带注浆管设置定位时，底板处吊环螺母如本图示设置于底板混凝土内，顶板与侧墙处吊环螺母可如本图集P35所示设置于结构外，并固定于模板上。注浆口钢罩内的海绵橡胶，加工时外侧应确保做结皮处理，以保证混凝土浇筑中水泥浆不渗入其内。

4. 可注浆式钢边橡胶止水带注浆应在结构有渗漏或内装潢前进行。

| 变形缝可注浆式钢边橡胶止水带装置 | 图集号 | 2020沪G702 |
| | 页 | 27 |

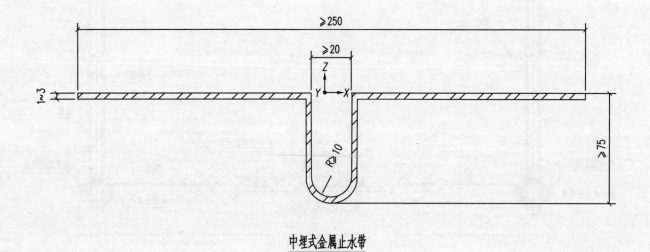

中埋式金属止水带

说明：

1. 对环境温度高于50℃的地下工程变形缝，可采用由紫铜或不锈钢等金属构成的中埋式金属止水带，其中间呈圆弧形。

2. 只对伸缩变形的变形缝合适，如有沉降变形，Y轴方向金属不能适应变形。

变形缝中埋式金属止水带	图集号	2020 沪 G702
	页	28

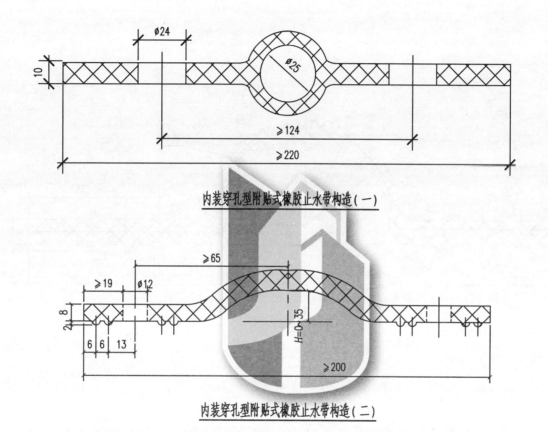

内装穿孔型附贴式橡胶止水带构造（一）

内装穿孔型附贴式橡胶止水带构造（二）

说明：

1. 变形缝用的内装式橡胶止水带主要有附贴式和可卸式两种。

2. 图示的两种内装附贴式橡胶止水带均有螺栓穿过，应注意止水带橡胶开孔与螺栓的匹配，止水带的矢高 H 可视要求作适应的变形量调整。

| 变形缝内装附贴式橡胶止水带 | 图集号 | 2020沪 G702 |
| | 页 | 29 |

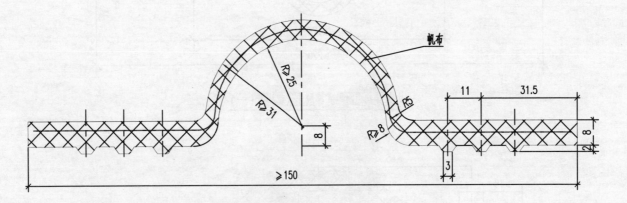

内装可卸式橡胶止水带构造

说明：

1. 本图所示为新型内装可卸式橡胶止水带，其中螺栓不穿过止水带，而是利用杠杆原理进行压密止水。

2. 根据结构埋设深度，内装可卸式止水带可有帆布夹层或表面附贴布加强层，止水带的半径R也可根据要求的变形量作调整。

| 变形缝内装可卸式橡胶止水带 | 图集号 | 2020 沪 G702 |
| | 页 | 30 |

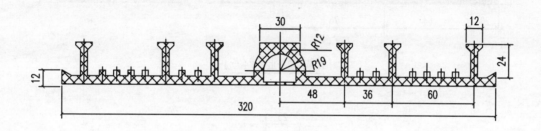

变形缝外贴式橡胶止水带

说明：

外贴式橡胶止水带的宽度宜不小于250、不大于600。

变形缝外贴式橡胶止水带	图集号	2020 沪 G702
	页	31

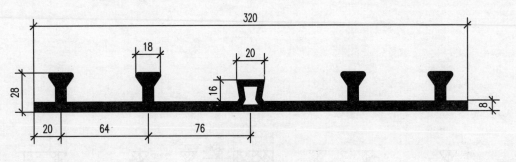

外贴式塑料止水带（一）

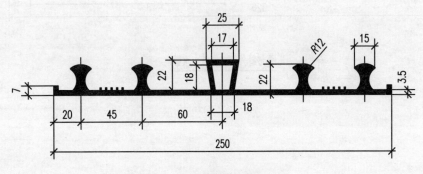

外贴式塑料止水带（二）

说明：
　外贴式塑料止水带的宽度宜不小于150、不大于500。

	图集号	2020 沪 G702
变形缝外贴式塑料止水带	页	32

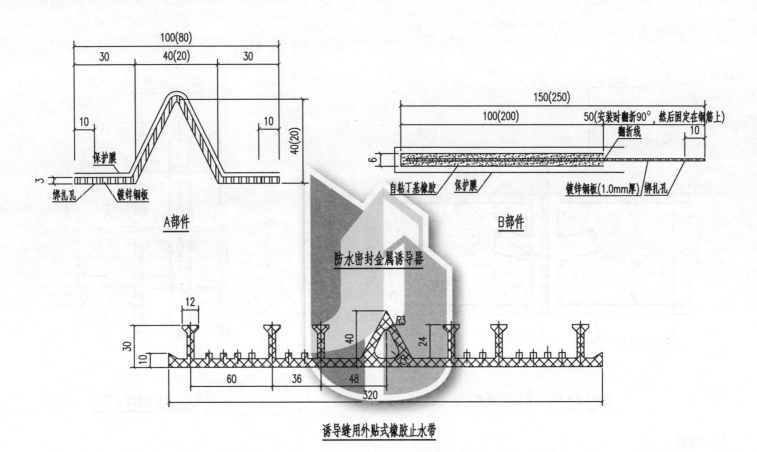

A部件

B部件

防水密封金属诱导器

诱导缝用外贴式橡胶止水带

说明：

1. 防水密封诱导器通过A部件与B部件组合的方式应用于诱导缝中，诱导裂缝在此发生，同时防止漏水。

2. A部件与B部件尺寸可根据诱导缝断面尺寸调整，括号内尺寸为可选尺寸。

| 诱导缝防水密封金属诱导器 | 图集号 | 2020沪G702 |
| | 页 | 33 |

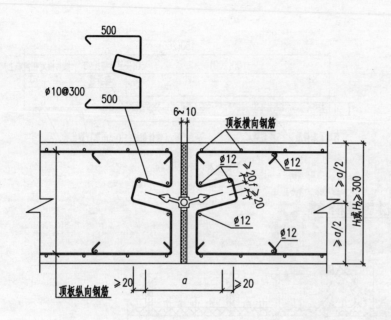

中埋式止水带在顶板和底板的埋设

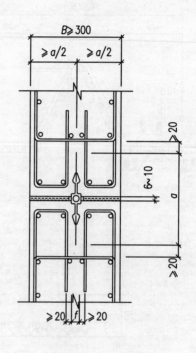

中埋式止水带在侧墙的埋设

说明：

1. 本图中a为变形缝中埋式止水带宽度；f为止水带全高；H_1（H_2）为顶板（底板）厚度；B为侧墙厚度。

2. 止水带的固定方法详见本图集P17。悬吊应采用镀锌铁丝，止水带两侧的悬吊孔应在加工生产时预留（孔边应作预补强处理）。

| 变形缝中埋式止水带固定构造 | 图集号 | 2020沪G702 |
| | 页 | 34 |

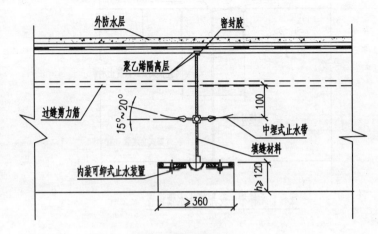

顶板变形缝止水带设置

外防水层　　　　密封胶

聚乙烯隔离层

过缝剪力筋

15°~20°

中埋式止水带

填缝材料

内装可卸式止水装置

100

h≥120

≥360

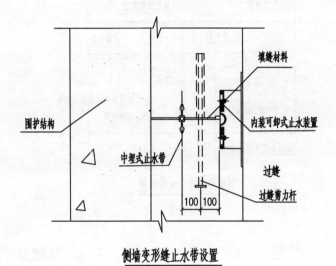

侧墙变形缝止水带设置

填缝材料

围护结构

内装可卸式止水装置

中埋式止水带

过缝

过缝剪力杆

100　100

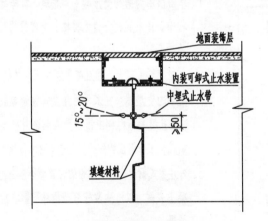

底板变形缝止水带设置

地面装饰层

内装可卸式止水装置

中埋式止水带

15°~20°

≥50

填缝材料

说明：

1. 本图所示为结构变形量大的变形缝（伸缩缝、沉降缝）防水构造。

2. 在高层建筑塔楼与裙房、地下人防工程、地下建筑接口及地铁车站与通道等这类施工时间间隔较长、变形量大、结构构造差异大、易产生沉降差的结构部位宜采用设置双缝缓冲等措施（如分别在主体结构外0.5m和3m处各设置一条变形缝）。

3. 对于变形量大（主要是伸长变形）的变形缝（如在双缝设置中，相距主体结构0.5m处的变形缝）宜采用中埋式钢边橡胶止水带（中孔型）、内装可卸式止水装置组成的防水构造（见本图所示）。

4. 底板应设置排水槽，排水槽的设置位置应根据实际工况确定。

| 变形缝止水带设置构造（一） | 图集号 | 2020 沪 G702 |
| | 页 | 35 |

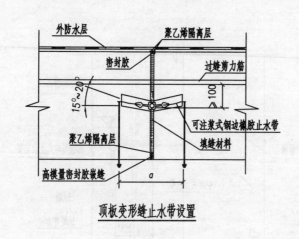

顶板变形缝止水带设置

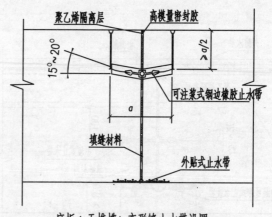

底板（无榫槽）变形缝止水带设置

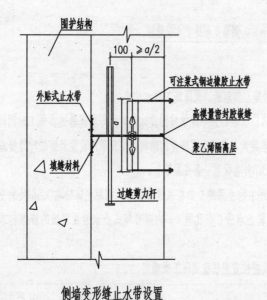

侧墙变形缝止水带设置

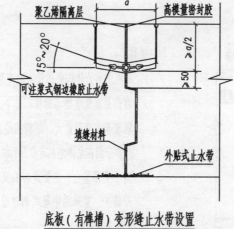

底板（有榫槽）变形缝止水带设置

说明：

1. 本图所示为结构变形缝（伸缩缝、沉降缝）防水构造。其中底板分为无榫槽和有榫槽两种结构构造形式。

2. 相对变形量较大（如双变形缝中距主体结构3.0m处）的变形缝，宜采用可注浆式钢边橡胶止水带（中孔型）与内侧中模量聚氨酯密封胶嵌缝及外贴式止水带组成的防水设构造（如本图所示）。

3. 可注浆式钢边橡胶止水带的注浆管不应高出结构混凝土表面，以防注浆管弯曲损坏，影响后期注浆效果。

| 变形缝止水带设置构造（二） | 图集号 | 2020 沪 G702 |
| | 页 | 36 |

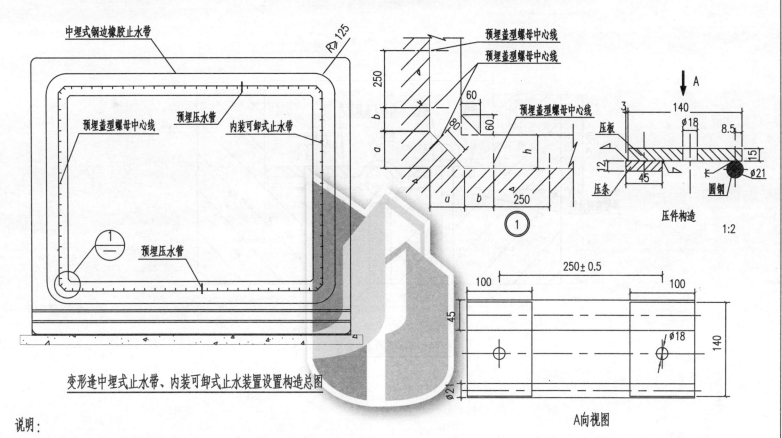

变形缝中埋式止水带、内装可卸式止水装置设置构造总图

压件构造 1:2

A向视图

说明:

1. 本图为地下结构变形缝处设置内装可卸式止水装置及中埋式止水带的位置构造总图。

2. 凹槽的深度为h、宽度见本图集P35。45°转角处的加腋尺寸及边端盖型螺母设置如详图1所示。其中, h≥120, a取值在100~110, b≤80。

3. 变形缝内侧设置的内装可卸式止水装置,其四个转角应如本图所示呈45°倒角,并应控制四个角部的尺寸误差以利于紧固件的连续性和密实性。

4. 压件构造图中所示的压条的宽与高恒定, 长度则因变形缝尺寸而不同。压板的中心间距为250。

5. 每条内装可卸式止水装置在顶板和底板各预埋至少1根压水管,其构造见本图集P41所示。

| 变形缝内装可卸式止水装置设置、排布构造图 | 图集号 | 2020 沪 G702 |
| | 页 | 37 |

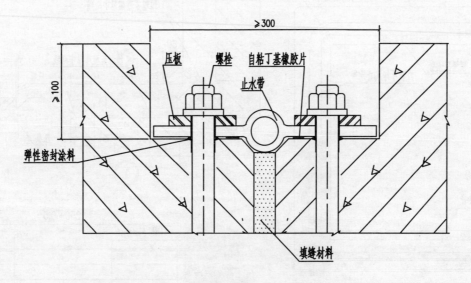

压板　螺栓　自粘丁基橡胶片

止水带

≥300

≥100

弹性密封涂料

填缝材料

变形缝内装穿孔型止水装置

说明：

1. 变形缝内装止水装置，目前有附贴式止水装置和可卸式止水装置两种。其中，附贴式止水装置宜用于埋深较浅、变形量小的构造，可卸式止水装置可用于结构埋深较深、变形量较大的构造。

2. 附贴式止水带与混凝土接触面之间应铺设自粘丁基橡胶片，使混凝土表面填平补齐。

3. 附贴式止水带的螺孔内侧，宜涂刷弹性密封涂料以防螺栓孔漏水。

| 变形缝内装附贴式止水装置（一） | 图集号 | 2020 沪 G702 |
| | 页 | 38 |

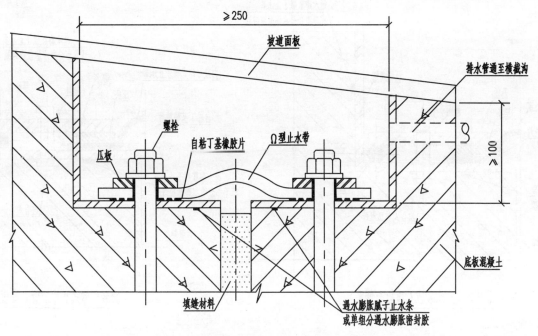

坡道底板变形缝内装穿孔型可卸式止水装置

说明:

1. 本图所示内装可卸式止水装置为螺栓穿过橡胶止水带的构造类型。其中,螺栓可以是预埋的或焊烧在钢板面上的,也可以是用膨胀螺栓打入的。

2. 附贴式止水带的螺孔内侧,宜涂刷弹性密封涂料以防螺栓孔渗漏水。

3. Ω型止水带的矢高可随变形缝变形量的大小而作不同的设计。

4. 坡道面板与凹槽接头处处理由建筑专业确定。

<table>
<tr><td rowspan="2">变形缝内装附贴式止水装置(二)</td><td>图集号</td><td>2020 沪 G702</td></tr>
<tr><td>页</td><td>39</td></tr>
</table>

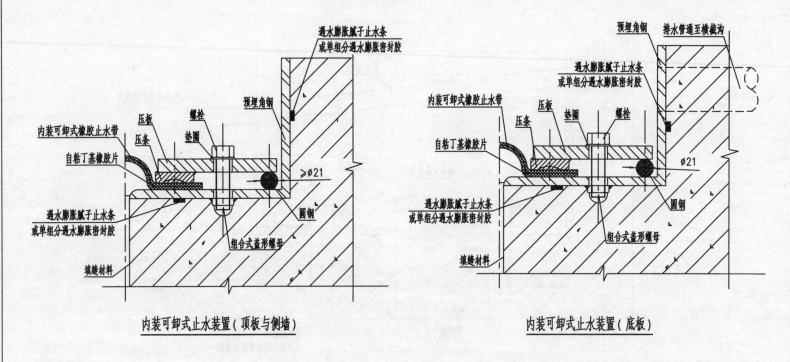

内装可卸式止水装置（顶板与侧墙）

内装可卸式止水装置（底板）

说明：

1. 设置内装可卸式止水装置时，预埋金属板等与混凝土间极易产生收缩裂缝。因此，施工时应提高变形缝两侧混凝土的密实性，防止地下水绕过止水带（尤其是止水条）从酥松的混凝土面渗漏至变形缝内。在预埋金属板时，应在金属板与混凝土接触面设置遇水膨胀腻子条或单组分遇水膨胀密封胶。

2. 内装可卸式止水带小齿与预埋角钢接触部位应平铺未硫化丁基橡胶腻子薄片。

3. 结构底板可卸式止水装置的凹槽内应预设疏水通道，一旦有积水，可及时引排。

4. 结构转角处应呈45°斜角，以便止水带的压密平整。

5. 本图所示的内装可卸式止水装置适用于水压较高、变形量较大的变形缝。

| 变形缝内装可卸式止水装置 | 图集号 | 2020沪 G702 |
| | 页 | 40 |

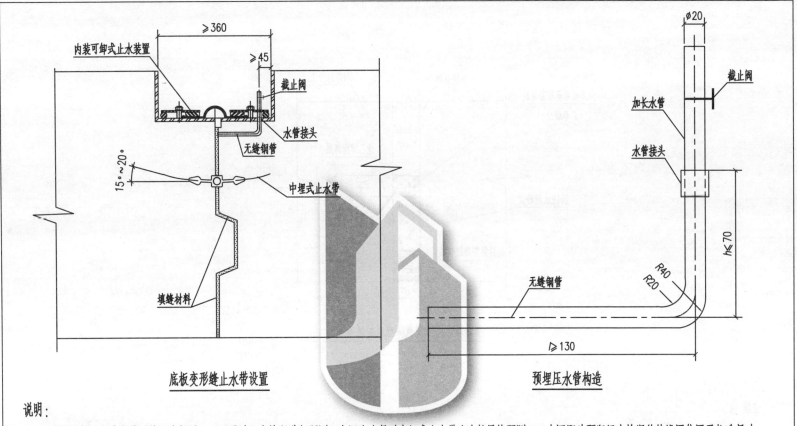

底板变形缝止水带设置

预埋压水管构造

说明：

1. 内装可卸式止水带安装后的止水效果，可以通过压水检漏进行预测（实际上也是对中埋式止水带止水效果的预测）。本图即为预留压水检漏管的设置位置及构造尺寸。

2. 检测的水压宜为结构底板埋深水压的1.1倍~1.2倍。

3. 内装可卸式止水带检漏前，应以自粘丁基橡胶片设置于基面与止水带间，以防有细微缝隙产生渗漏，薄片尺寸宜为1.5mm厚、50mm宽（视齿牙数及牙距适当调整）。

4. 在以上检测中，当发生内装可卸式止水带渗漏时，可通过调节螺栓拧紧程度、止水带的位置等直至不渗漏。若中埋式止水带渗水，可用检漏管进行化学注浆止水。

5. 检漏用压水管通常预埋在底板，构筑物较大时也可在顶板再加埋一根压水管（尤其是对于需要通过压水管进行注浆止水的结构）。有内螺纹的水管接头宜焊接在预埋角钢板上，其焊接位置在两块压板之间，以便检漏时与加长水管的衔接，如本图所示。

变形缝内装可卸式止水带 检漏压水管设置构造	图集号	2020 沪 G702
	页	41

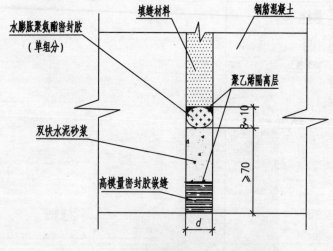

变形缝水膨胀聚氨酯密封胶修补构造

说明：

1. 结构施工过程中，变形缝中所用的中埋式止水带、外贴式止水带一旦发生止水带失效、损坏，均应及时进行维修、补救。修补时，除可进行适当的注浆处理外，还可采用遇水膨胀橡胶止水条或单组分水膨胀聚氨酯密封胶封缝。

2. 遇水膨胀橡胶止水条设置位置距混凝土面应不小于70mm，其宽应与变形缝宽d或变形缝凿开后的宽+δ相同，其厚≤20mm；单组分水膨胀聚氨酯密封胶用嵌缝枪嵌填，枪头开口大小应视变形缝槽大小而定。

3. 在原填缝材料剔除困难时，可如图中虚线所示凿开混凝土，设置遇水膨胀橡胶止水条后填充快硬水泥砂浆，并修补嵌缝槽再作密封胶嵌缝。

4. 遇水膨胀橡胶止水条、水膨胀聚氨酯密封胶（单组分）修补设置构造如图示。

	图集号	2020沪G702
变形缝防水修补构造	页	42

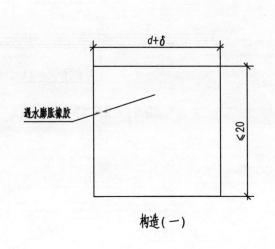

构造（一）

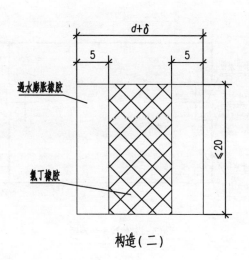

构造（二）

变形缝遇水膨胀止水条构造

说明：

1. 遇水膨胀橡胶止水条可以由单一的遇水膨胀橡胶组成，也可由水膨胀 橡胶与氯丁橡胶复合而成。

2. 本图中所示d为变形缝宽，d+δ为变形缝凿开后的宽，其中δ≥0。

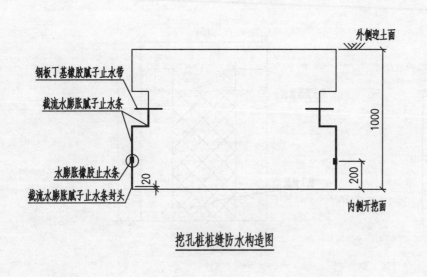

钢板丁基橡胶腻子止水带

截流水膨胀腻子止水条

水膨胀橡胶止水条

截流水膨胀腻子止水条封头

外侧迎土面

内侧开挖面

1000

200

20

挖孔桩桩缝防水构造图

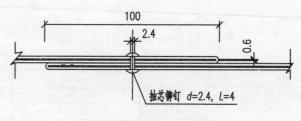

100

2.4

0.6

抽芯铆钉 d=2.4, L=4

自粘丁基橡胶钢板止水带搭接图

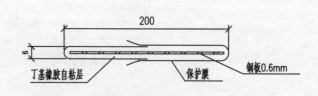

200

6

丁基橡胶自粘层

保护膜

钢板0.6mm

自粘丁基橡胶钢板止水带

说明:

1. 挖孔桩接头防水构造中,宜采用自粘丁基橡胶钢板止水带及水膨胀橡胶止水条。

2. 自粘丁基橡胶钢板止水带设置长度应自桩顶冠梁顶下部至桩底,如冠梁位置改变则应以桩底位置为准。

3. 自粘丁基橡胶钢板止水带的搭接应由按止水带的具体尺寸作相应数量的冲孔并由抽芯铆钉固定搭接。

4. 自粘丁基橡胶钢板止水带的设置应在挖孔桩钢筋笼放入前,先将止水带整条或分段固定于模板和钢筋上。
   模板固定止水带时,应注意模板处钢板丁基橡胶腻子止水带保护膜的完好,以防拆模时损坏止水带。

挖孔桩单层墙缝止水带与 板缝止水带的复合处理	图集号	2020 沪 G702
	页	44

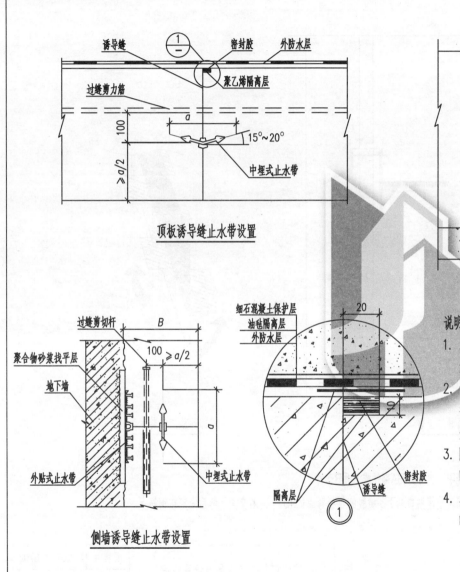

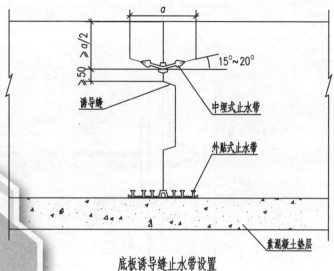

顶板诱导缝止水带设置

底板诱导缝止水带设置

侧墙诱导缝止水带设置

说明:
1. 本图为诱导缝的防水构造。其中除防水措施外,所示过缝剪力杆(筋)是结构抗剪的主要形式,但非唯一形式。

2. 诱导缝防水宜采用诱导缝用中埋式止水带和外贴式止水带及相应的嵌缝等措施构成整体防线。顶、底板、侧墙的中埋式止水带设置位置如图所示。变形量较小的诱导缝,也可仅设置遇水膨胀橡胶止水条。

3. 除应注意中埋式止水带的盆式安装外,还应注意外贴式止水带两侧上翻时,应先在围护结构上做找砂浆平层,再用粘接剂及水泥钉固定。

4. 本图及P35和P36所示的中埋式止水带为钢边橡胶止水带,其他各类适用的橡胶或塑料止水带可根据设计需要选用。

	图集号	2020沪G702
诱导缝止水带设置构造	页	45

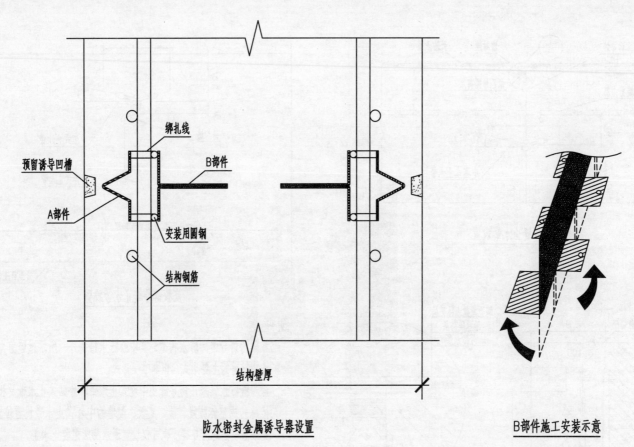

预留诱导凹槽

绑扎线

B部件

A部件

安装用圆钢

结构钢筋

结构壁厚

防水密封金属诱导器设置

B部件施工安装示意

说明：

1. 防水密封诱导器通过A部件与B部件组合的方式应用于诱导缝中，也可只用A部件或只用B部件。

2. A、B部件端部的孔中采用绑扎线固定在钢筋上，其中B部件将没有覆贴自粘丁基橡胶的钢板弯曲成90°，左右交叉，然后固定在钢筋上。

3. 预留诱导凹槽处可嵌入弹性密封材料。

	图集号	2020沪G702
防水密封金属诱导器设置构造	页	46

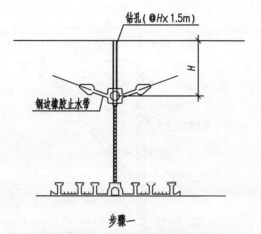

钻孔(@Hx1.5m)

钢边橡胶止水带

H

步骤一

沿变形缝钻机钻头垂直钻孔并钻穿中埋式钢边橡胶止水带，抽出钻头。其中钻孔孔径宜为18mm。

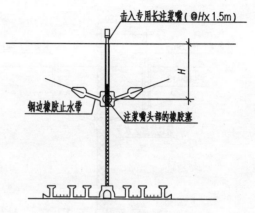

击入专用长注浆嘴(@Hx1.5m)

钢边橡胶止水带

注浆嘴头部的橡胶塞

H

步骤二

击入组合式专用长注浆嘴，以专用配套冲击锤将注浆嘴头部橡胶锤击进入橡胶的钻孔，旋紧螺母使注浆嘴头部的橡胶塞涨开并和止水带橡胶上的钻孔自动咬合封闭，形成注浆通道。

变形缝新型注浆止水工艺示意图

说明:

1. 本图是着重推荐的新工艺、新方法，适用于渗漏变形缝的永久性修复。

2. 注浆材料宜选用丙烯酸盐浆液。

3. 此工艺最大的特点是垂直于变形缝钻孔至中埋止水带迎水面，钻孔距离短，施工快捷，且避免碰筋；钻孔击穿中埋止水带中孔后，专用长注浆嘴头部的橡胶塞与橡胶止水带的孔眼相互紧裹，形成密封，注浆时浆液直接注入中埋止水带迎水面的变形缝缝间。

4. 此工艺应结合专用长注浆嘴、击入注浆的配套冲击锤，以及注浆压力和流量足够且现场可以灵活调节、始终保持体积比1:1，可随时进行冲洗的专用丙烯酸盐注浆泵。

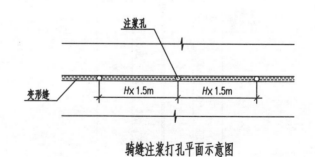

注浆孔

变形缝

$Hx1.5m$ $Hx1.5m$

骑缝注浆打孔平面示意图

| 变形缝注浆止水新型工艺 | 图集号 | 2020沪 G702 |
| | 页 | 47 |

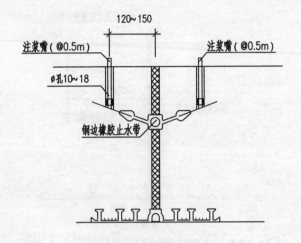

变形缝注浆止水示意图（一）

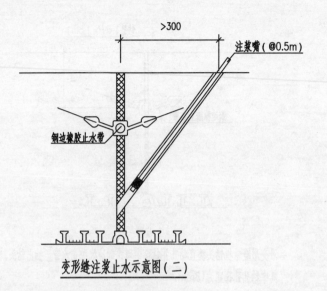

变形缝注浆止水示意图（二）

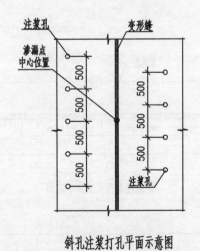

斜孔注浆打孔平面示意图

说明：

1. 变形缝注浆止水示意图（一）适用于渗漏量较小，且中埋式止水带本体尚未撕裂的变形缝。注浆材料宜为可在潮湿环境下固化的亲水性环氧浆液或丙烯酸盐浆液。通常顶板渗漏水位置与止水带的失效点相近，因此该方法尤其适用于顶板变形缝治理。

2. 变形缝注浆止水示意图（二）适用于渗漏水量较大，且中埋式止水带的尺寸及埋深已知的变形缝，钻孔应击穿变形缝的衬垫板。注浆材料宜为油溶性聚氨酯浆液或丙烯酸盐浆液。但该方法较繁琐，钻孔时避让变形缝附近的结构钢筋有难度，常用于侧墙变形缝明显漏水。

3. 结构诱导缝渗漏治理措施可参照本图。

| 变形缝注浆止水常规方法（一） | 图集号 | 2020沪G702 |
| | 页 | 48 |

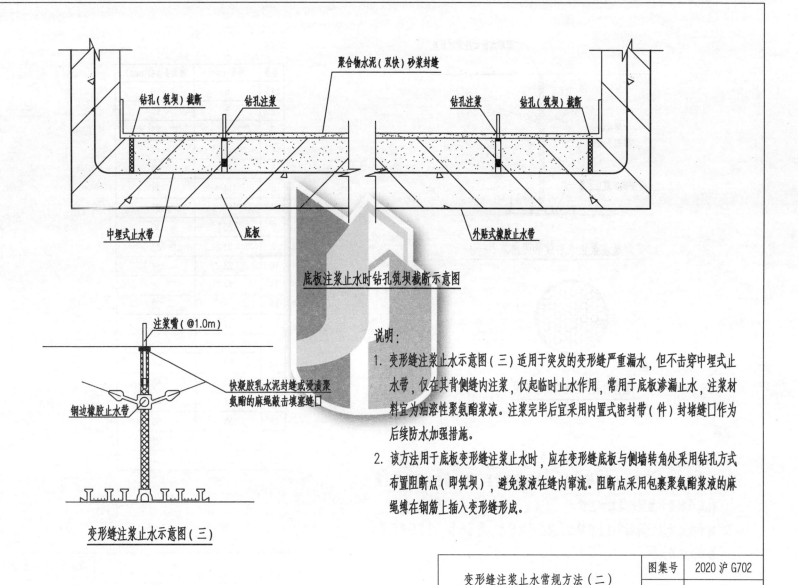

聚合物水泥(双快)砂浆封缝

钻孔(筑坝)截断　钻孔注浆　　钻孔注浆　钻孔(筑坝)截断

中埋式止水带　　　底板　　　　　　外贴式橡胶止水带

底板注浆止水时钻孔筑坝截断示意图

注浆嘴(@1.0m)

钢边橡胶止水带

快凝胶乳水泥封缝或浸渍聚
氨酯的麻绳敲击填塞缝口

变形缝注浆止水示意图(三)

说明:

1. 变形缝注浆止水示意图(三)适用于突发的变形缝严重漏水,但不击穿中埋式止水带,仅在其背侧缝内注浆,仅起临时止水作用,常用于底板渗漏止水,注浆材料宜为油溶性聚氨酯浆液。注浆完毕后宜采用内置式密封带(件)封堵缝口作为后续防水加强措施。

2. 该方法用于底板变形缝注浆止水时,应在变形缝底板与侧墙转角处采用钻孔方式布置阻断点(即筑坝),避免浆液在缝内窜流。阻断点采用包裹聚氨酯浆液的麻绳绑在钢筋上插入变形缝形成。

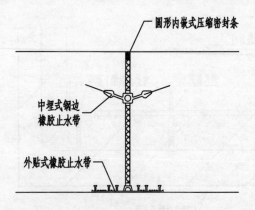

圆形内嵌式压缩密封条

中埋式钢边
橡胶止水带

外贴式橡胶止水带

变形缝注浆止水后续加强措施（一）

圆形内嵌式压缩密封条详图

序号	缝宽(mm)	密封条直径(mm)
1	6	10
2	8	12
3	9	15
4	11	18
5	13	21
6	14	24
7	17	27
8	20	30
9	21	32
10	23	34
11	24	36
12	25	38
13	27	40
14	28	42
15	29	44
16	31	46
17	33	48
18	35	50
19	36	52
20	37	54

说明：

1. 变形缝注浆止水完毕后，可采用圆形内嵌式压缩密封条作为后续加强措施。

2. 压缩密封条也可带水直接压缩密封；或者压缩密封后，给压缩密封条背后注浆，补充压缩密封物理接缝的水密性。

3. 对于变形缝缝口两侧混凝土有缺损、疏松等的状况，需凿除后，用专用高强聚合物砂浆修补。

	图集号	2020 沪 G702
变形缝注浆止水后续加强措施（一）	页	50

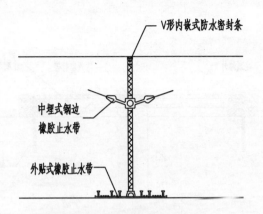

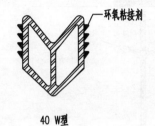

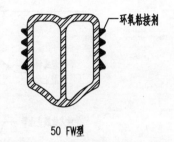

V形内嵌式防水密封条

中埋式钢边橡胶止水带

外贴式橡胶止水带

环氧粘接剂

环氧粘接剂

变形缝注浆止水后续加强措施（二）

40 W型

50 FW型

V形内嵌式防水密封条详图

V形内嵌式防水密封条规格表

型号	尺寸 (mm)		要求缝宽 (mm)		水平位移量 (mm)		
	宽	宽	宽度	深度	最小位移量	最大位移量	总位移量
40W	40	40	40	70	20	60	40
50FW	50	50	50	90	34	67	33

说明：

1. 变形缝注浆止水完毕后，可采用V形内嵌式压缩密封条作为后续加强措施。

2. V形内嵌式防水密封条采用特制氯丁橡胶条作为主体，经充气膨胀方式助环氧粘结剂与两侧混凝土粘结，形成压密与粘合双重结构系统，其具有适应三向位移、耐久性好、施工方便等特点。

变形缝注浆止水后续加强措施（二）	图集号	2020 沪 G702
	页	51

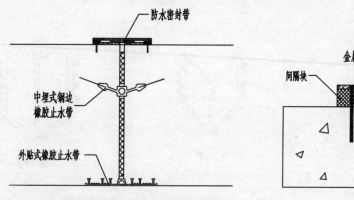

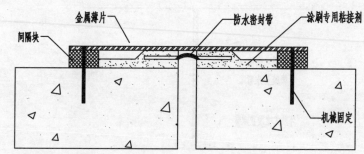

变形缝注浆止水后续加强措施（三）

说明：

1. 防水密封带是一种由丁腈橡胶或者弹性聚烯烃塑料片材等组成，具有锚固孔设计，表面灰色的弹性密封带。其厚度为1.2mm～2.0mm，标准宽度为200mm，两边各有30mm宽的锚固孔。在干燥表面或潮湿表面采用配套的粘合剂即可应用。

2. 当地下工程变形缝埋深较深、地下水压较大时，考虑背水面水头会使防水密封带鼓起或者鼓破，其背侧宜设置加强抗压的砂浆、密封胶及金属薄板背衬。

| 变形缝注浆止水后续加强措施（三） | 图集号 | 2020沪 G702 |
| | 页 | 52 |

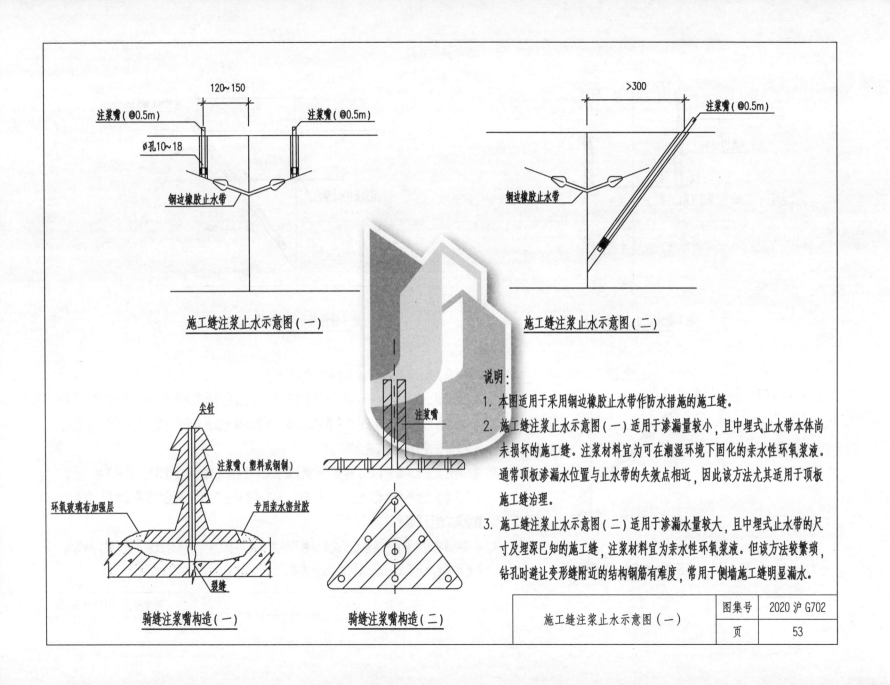

施工缝注浆止水示意图（一）

施工缝注浆止水示意图（二）

骑缝注浆嘴构造（一）

骑缝注浆嘴构造（二）

说明：

1. 本图适用于采用钢边橡胶止水带作防水措施的施工缝。

2. 施工缝注浆止水示意图（一）适用于渗漏量较小，且中埋式止水带本体尚未损坏的施工缝。注浆材料宜为可在潮湿环境下固化的亲水性环氧浆液。通常顶板渗漏水位置与止水带的失效点相近，因此该方法尤其适用于顶板施工缝治理。

3. 施工缝注浆止水示意图（二）适用于渗漏水量较大，且中埋式止水带的尺寸及埋深已知的施工缝，注浆材料宜为亲水性环氧浆液。但该方法较繁琐，钻孔时避让变形缝附近的结构钢筋有难度，常用于侧墙施工缝明显漏水。

	图集号	2020沪G702
施工缝注浆止水示意图（一）	页	53

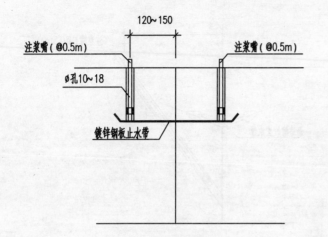

施工缝注浆止水示意图（一）

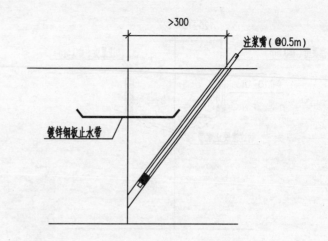

施工缝注浆止水示意图（二）

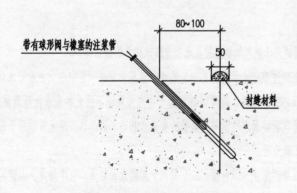

环压式注浆嘴止水示意图

说明：

1. 本图适用于采用镀锌钢板止水带作防水措施的施工缝。

2. 施工缝注浆止水示意图（一）适用于渗漏量较小，且止水带本体尚未损坏的施工缝。注浆材料宜为可在潮湿环境下固化的亲水性环氧浆液。通常顶板渗漏水位置与止水带的失效点相近，因此该方法尤其适用于顶板施工缝治理。

3. 施工缝注浆止水示意图（二）适用于渗漏水量较大，且止水带的尺寸及埋深已知的施工缝，注浆材料宜为亲水性环氧浆液。但该方法较繁琐，钻孔时避让变形缝附近的结构钢筋有难度，常用于侧墙施工缝明显漏水。

4. 采用环压式的注浆嘴，其注浆方式是钻斜孔注浆（45°~60°），钻孔时应穿过施工缝。钻孔的垂直深度至少大于15cm，孔间距25cm左右。

| | 施工缝注浆止水示意图（二） | 图集号 | 2020 沪 G702 |
| | | 页 | 54 |

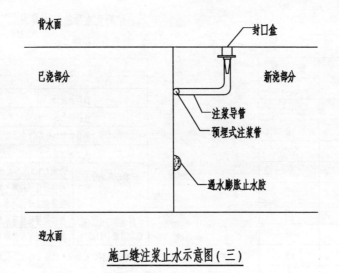

背水面

封口盒

已浇部分

新浇部分

注浆导管

预埋式注浆管

遇水膨胀止水胶

迎水面

施工缝注浆止水示意图（三）

说明：

1. 施工缝注浆止水示意图（三）适用于采用预埋式注浆管作防水措施的施工缝，直接利用预埋注浆管进行注浆止水。

2. 若现场存在流动的渗漏水，则采用油溶性聚氨酯灌浆材料；若仅为湿渍，则采用亲水性环氧浆液注浆。

3. 自预埋式注浆管一端的注浆导管灌入浆液，待另一端导管出浆后，封闭出浆导管，加压至0.8MPa，当压力保持5min无明显降低时，即可结束注浆。

4. 若出浆导管没有顺利流出浆液，可加大注浆压力，但压力不应超过1.2MPa。

5. 施工缝注浆止水示意图（三）适用于采用预埋式注浆管作防水措施的施工缝、直接利用预埋注浆管进行注浆止水。

	图集号	2020 沪 G702
施工缝注浆止水示意图（三）	页	55

橡胶止水带和塑料止水带的技术要求

一、橡胶止水带或钢边橡胶止水带的技术要求

1. 物理力学性能要求

项 目		指 标
		B、S
硬度（邵尔 A，度）		60±5
拉伸强度（MPa）	≥	10
拉断伸长率（%）	≥	380
压缩永久变形	70℃×24h（%） ≤	35
	23℃×168h（%） ≤	20
撕裂强度（kN/m）	≥	30
脆性温度（℃）	≤	−45
热空气老化 （70℃×168h）	硬度变化（邵尔A，度） ≤	+8
	拉伸强度（MPa） ≥	9
	拉断伸长率（%） ≥	300
臭氧老化50×10⁻⁸：20%，(40±2)℃×48h		无裂纹
橡胶与金属粘合ª		橡胶间破坏

a：橡胶与金属粘合项仅适用于钢边复合的止水带

注：执行现行国家标准《高分子防水材料 第2部分：止水带》GB/T 18173.2。

2. 止水带尺寸公差允许值

项 目	公称厚度（mm）				宽度b（%）
	4≤δ≤6	6<δ≤10	10<δ≤20	δ>20	
极限偏差	+1.00，0	+1.30，0	+2.00，0	+10%，0	±3

二、塑料止水带的技术要求

1. 物理力学性能要求

项 目	性能指标		
	EVA	ECB	PVC
拉伸强度（MPa）	≥16	≥14	≥10
拉断伸长率（%）	≥550	≥500	≥200
撕裂强度（kN/m）	≥60	≥60	≥50
低温弯折性	−35℃无裂纹	−35℃无裂纹	−25℃无裂纹
热空气老化 （80℃×168h）	外观（100%伸长率）	无裂纹	
	拉伸强度保持率（%）	≥80	
	拉断伸长率保持率（%）	≥70	
耐碱性Ca(OH)₂ 饱和溶液（168h）	拉伸强度保持率（%）	≥80	
	拉断伸长率保持率（%）	≥90	≥80

注：参照现行行业标准《公路工程土工合成材料 防水材料 第1部分：塑料止水带》JT/T 1124.1。

2. 止水带尺寸偏差

项 目	允许偏差
宽度L	±3%
中部厚度B	0～+1mm
边缘厚度	0～+0.5mm
半径R	中心孔偏孔不超过厚度的1/3
凸肋高度H	0～+2.5mm

遇水膨胀止水条的技术要求

1.制品型遇水膨胀橡胶胶料物理性能

项 目			指　标			
			PZ-150	PZ-250	PZ-400	PZ-600
硬度(邵尔A,度)			42±10		45±10	48±10
拉伸强度(MPa)		≥	3.5		3	
拉断伸长率(%)		≥	450		350	
体积膨胀倍率(%)		≥	150	250	400	600
反复浸水试验	拉伸强度(MPa)	≥	3		2	
	拉断伸长率(%)	≥	350		250	
	体积膨胀倍率(%)	≥	150	250	300	500
低温弯折(-20℃×2h)			无裂纹			

注:1. 执行现行国家标准《高分子防水材料 第3部分:遇水膨胀橡胶》GB/T 18173.3。
　　2. 成品切片测试拉伸强度、拉断伸长率应达到本标准的80%;接头部位的拉伸强度、拉断伸长率应达到本标准的50%。

2.腻子型遇水膨胀橡胶物理性能

项 目		指　标		
		PN-150	PN-220	PN-300
体积膨胀倍率ᵃ(%)	≥	150	220	300
高温流淌性(80℃×5h)		无流淌		
低温试验(-20℃×2h)		无裂纹		

a:体积膨胀倍率的检验结果应注明试验方法

注:执行现行国家标准《高分子防水材料 第3部分:遇水膨胀橡胶》GB/T 18173.3。

3.膨润土橡胶遇水膨胀止水条技术指标

项 目		指　标	
		普通型C	缓膨型S
抗水压力(MPa)	≥	1.5	2.5
规定时间吸水膨胀倍率(%)	4h	200~250	—
	24h		
	48h		
	72h	—	200~250
	96h		
	120h		
	144h		
最大吸水膨胀倍率(%)	≥	400	300
密度(g/cm³)		1.6±0.1	1.4±0.1
耐热性	80℃(2h)	无流淌	
低温柔性	-20℃(2h) 绕φ20mm圆棒	无裂纹	
耐水性	浸泡24h	不呈泥浆状	—
	浸泡240h	—	整体膨胀无碎块

注:1. 上述指标选自现行行业标准《膨润土橡胶遇水膨胀止水条》JG/T 141。
　　2. 规定时间吸水膨胀倍率可根据设计要求只选取某一时间一项(一般选取144h)。另外,也可不检测某些项目(如抗水压力和密度)。

遇水膨胀止水胶的技术要求

遇水膨胀止水胶物理性能

项 目		指 标	
		PJ220	PJ400
固含量(%)	≥	85	
密度(g/m³)	≥	规定值±0.1	
下垂度(50±2)℃(mm)	≤	2	
表干时间(h)	≤	24	
7d拉伸粘结强度(MPa)	≥	0.4	0.2
低温柔性(−20℃,2h)	≤	无裂纹	
拉伸性能	拉伸强度(MPa) ≥	0.5	
	断裂伸长率(%) ≥	400	
体积膨胀倍率(%)	≥	220	400
长期浸水体积膨胀倍率保持率(%)	≥	90	
抗水压力(MPa)		1.5不渗水	2.5不渗水
实干厚度(mm)	≥	2	
溶剂浸泡后体积膨胀倍率保持率(3d)(%) ≥	5%Ca(OH)₂	90	
	5%NaCl	90	
7d膨胀率	≤	最终膨胀率的60%	

注:执行现行行业标准《遇水膨胀止水胶》JG/T 312。

遇水膨胀止水胶的技术要求	图集号	2020沪G702
	页	58

自粘丁基橡胶钢板止水带的技术要求

1. 物理力学性能要求

项　　目		指　　标
橡胶层不挥物含量（%）		≥98
橡胶层低温柔性（-40℃）		无裂纹
橡胶层耐热性（90℃，2h）		无滑移、无流淌、无滴落、无集中性气泡
止水带搭接剪切强度（N/mm）	无处理	≥3.5，且橡胶层内聚破坏
	热处理（80℃，168h）	≥3.0，且橡胶层内聚破坏
与后浇砂浆正拉粘结强度（MPa）	无处理	≥0.20，且橡胶层内聚破坏
	浸水处理（23℃，168h）	≥0.20，且橡胶层内聚破坏
	碱处理[饱和Ca(OH)₂溶液浸泡，168h]	≥0.20，且橡胶层内聚破坏
	热处理（80℃，168h）	≥0.20，且橡胶层内聚破坏

注：执行现行行业标准《自粘丁基橡胶钢板止水带》T/CECS 10015。

2. 镀锌钢板公称厚度偏差

公称厚度（mm）	允许偏差（mm）
0.6	±0.05
0.8	±0.06
1.0	±0.07